李毓佩数学故事

彩图版
智斗系列

矮人国作战记

李毓佩 著

U0249198

长江出版传媒　长江少年儿童出版社

鄂新登字 04 号

图书在版编目（ＣＩＰ）数据

彩图版李毓佩数学故事. 智斗系列. 矮人国作战记 / 李毓佩著.
— 武汉：长江少年儿童出版社，2018.2
ISBN 978－7－5560－7307－8

Ⅰ.①彩…　Ⅱ.①李…　Ⅲ.①数学—青少年读物　Ⅳ.①O1-49

中国版本图书馆 CIP 数据核字（2017）第 309654 号

矮人国作战记

出 品 人：李旭东
出版发行：长江少年儿童出版社
业务电话：(027)87679174　(027)87679195
网　　址：http://www.cjcpg.com
电子邮箱：cjcpg_cp@163.com
承 印 厂：中印南方印刷有限公司
经　　销：新华书店湖北发行所
印　　张：5
印　　次：2018 年 2 月第 1 版，2019 年 3 月第 6 次印刷
规　　格：880 毫米 × 1230 毫米
印　　数：45001－55000
开　　本：32 开
书　　号：ISBN 978－7－5560－7307－8
定　　价：25.00 元

本书如有印装质量问题　可向承印厂调换

人物介绍

1

奇奇

平时最讨厌的科目就是数学。可是到了矮人国，数学底子薄弱的他竟然当上了"博士"，与数学结下了奇特缘分。

小机灵

2

机灵的小不点儿，总是能救奇奇于危难之中。

胖国王

3

矮人国国王，心地善良，有担当。

公安部长

胆大心细，就是数学不够好。

瘦皇帝

长人国皇帝，诡计多端、心狠手辣。

目 录
CONTENTS

奇奇成了博士

奇奇平时最讨厌数学了，他觉得数学艰涩难懂，很没意思。只要一上数学课，他不是看小人书就是睡觉，所以每次数学考试都"挂红灯"。

一天，奇奇又在数学课上睡觉，忽然听见有人叫他："奇奇——奇奇。"奇奇睁眼一看，啊，是小人书里的精灵——小机灵。

小机灵说："我带你去一个地方，那里的人都不懂数学，凭你的数学知识，在那里简直是博士水平。"

"啊，真的？"奇奇高兴极了，被人当成数学博士，那是什么滋味啊？奇奇催促小机灵："快带我去啊！"

"好嘞！"小机灵拉着奇奇的手，飞上了天，不一会儿就到了一个陌生的地方。

小机灵说："这是矮人国的敦实城，一会儿就有人来接你了。"他又掏出一部手机，"这是带视频的万能通话机，有问题可以直接请教你的数学老师——张老师。"说完，小机灵飞走了。

奇奇正一头雾水，只见一个头戴王冠的胖国王带着一群小个子矮人向他走来。胖国王自我介绍："我是矮人国的国王，欢迎奇奇博士来到我们矮人国！"他身后一大群人也跟着欢呼："欢迎欢迎，热烈欢迎……"奇奇还从来没有享受过这种待遇呢，心里那个美啊。

奇奇就这样在矮人国里当起了数学博士。一切都称心如意。有时候，有些小矮人会请他解决数学问题，但都是一些诸如 $1+3=?$，$28+92=?$ 这样简单的问题，奇奇可以毫不费力地解决。

博士差点儿被枪毙

这天，天刚蒙蒙亮，胖国王紧急召见奇奇。胖国王说："奇奇博士，今天清晨长人国进犯我国边境。我们矮人国现在一共有三个军团，A军团有91人，B军团有140人，C军团有112人，你看我得任命多少名军官去统率这三个军团才好？"

奇奇问："国王，您有什么要求吗？"

"我们矮人国，人小，心眼儿也特别小，每个军官都要求自己带领的士兵人数和其他军官的一样多，少一个都不行。另外，为了保存实力，作战的时候也不能三个军团同时都开上前方，只能一个军团一个军团地出击。所以我需要知道最多需要任命多少名军官，使得这几名军官不管是去统率 A 军团，还是去统率 B 军团、C 军团，每名军官所带领的士兵都一样多。"

奇奇听了胖国王的话，心里开始上下打鼓。天知道得派几名军官才合适呢？问派几名军官，可以肯定它是一道数学题。可这是一道什么数学题呢？

奇奇记起了数学课上张老师的话，张老师一讲到数学应用题的时候，总是反反复复地提醒同学们说，要做题，先得会审题。

奇奇皱着眉头去"审"胖国王出的题。加法？不像。减法？也不像。乘法？更不像了！看来很像一道除法应用题，可是该用谁去除谁才合适呢？奇奇可就想不太清楚了。

胖国王见奇奇直皱眉头，半天没有回答，心里很着急："博士，你倒是快点儿算呀！算不出来，我就没法出兵了。"

奇奇心里比胖国王更加着急，他想：91，140 和 112 这三个数中，最小的数是 91。就说 91 吧，让胖国王派 91

名军官去 A 军团，正好一名军官带领一名士兵，谁也不会生气。

奇奇赶紧回答："报告国王，我算出来了。您任命 91 名军官最合适。"

胖国王听了奇奇博士的回答，认为万无一失，马上下令：任命 91 名军官，统率人数最多的 B 军团，火速迎击长人国的军队。

没想到胖国王的命令刚传达下去，没过一会儿，王宫外面人声嘈杂，乱成一团。

胖国王正要问外面发生了什么事情，一名士兵跑进来说："报告国王，不好了！您新任命的 91 名军官去统率 B 军团的时候，由于每名军官所带的士兵不一样多，他们吵起来了。"刚报告完，就看见 91 名军官分成两派，乱哄哄地拥进了王宫。

胖国王连忙问："各位的士兵怎么会不一样多呢？"

一名军官对胖国王说："报告国王，我们 91 名军官到了 B 军团。您知道，B 军团有 140 人。先去的 49 名军官，每人带领了两名士兵。我们后去的 42 名军官，每人只能带领一名士兵。这怎么行呢？"

胖国王气冲冲地对奇奇说："博士，你是怎么搞的？算错了数，误了我的军机大事，我要把你拉出去枪毙！"

　　奇奇一听，吓了一跳，他哪里会想到做错一道题要受这么严重的处罚？他急忙对胖国王说："国王，请原谅！刚才算得太急了，让我再想一会儿。"

　　胖国王一想，要是不让奇奇算，又能找谁算呢？于是他改了口气说："好，你回去再想想，想出来了马上告诉我！"

　　可怜的奇奇回到自己的房间里，愁眉苦脸。他一下子哪能想得出来呢？这时要是有张老师来帮助自己"审"一"审"题就好了。哦，有办法了，小机灵不是给自己留了一部万能通话机吗？它到底灵不灵呢？

奇奇赶紧取出通话机，把它打开，对着话筒低声而又急促地叫着："张老师，张老师，我是奇奇，我是奇奇！"

小机灵果然不骗人，奇奇马上从荧光屏幕上看到了张老师和蔼的面容,同时从耳机里听到了张老师亲切的声音："奇奇，我是张老师，你找我有什么事吗？"

奇奇急忙把自己碰到的难题一五一十地告诉了他。奇奇发愁地问："张老师，这是个什么题呢？我怎么一点儿头绪也没有啊？"

张老师笑着说："奇奇，这道题并不难呀，你不是已经想到它是一道除法题了吗？你再想一想，怎样才能找到一个数，使得91，140和112这三个数都能被它除尽呢？"

奇奇本来不笨，经老师一提醒，一下子就开了窍，他高兴地说："张老师，我想起来了，这是个求最大公约数的问题，我知道该怎么做了。"

奇奇关闭了通话机，在纸上列出了求最大公约数的短除算式：

$$7 \overline{)\ 91 \quad 140 \quad 112}$$
$$\ 13 \quad\ 20 \quad\ 16$$

奇奇高兴地去见胖国王："报告国王，我算出来了！

您应该任命 7 名军官。"

胖国王不像一开始那样痛快，他怀疑地问："奇奇，你能保证这 7 名军官不管去哪个军团，每一名军官所带领的士兵数都一样多吗？"

奇奇这回也不像一开始那样糊里糊涂，他蛮有把握地回答："国王，请您放心。这 7 名军官如果去 A 军团，每人统率 13 名士兵；如果去 B 军团，每人统率 20 名士兵；

如果去C军团，每人统率16名士兵。他们再也不会争吵了。"

胖国王认为奇奇说得很有道理，又重新任命了7名军官去统率B军团。

在胖国王急需委派军官的危急时刻，奇奇帮他做出了正确的决定。胖国王心里很高兴，对奇奇说："我的数学博士，你算得真准啊！快来告诉我，你是怎样算的？假如我的军团的人数分别是60人、132人和240人，我又应该任命多少名军官去统率这三个军团呢？"

奇奇又准确又迅速地写出了算式：

$$
\begin{array}{r|ccc}
3 & 60 & 132 & 240 \\
4 & 20 & 44 & 80 \\
\hline
 & 5 & 11 & 20
\end{array}
$$

他向胖国王解释说："您看，在这三个数里，3和4是它们的公约数。您要是委派3名军官或4名军官到这三个军团去，每个军官都能统率一样多的士兵，它们都是这三个数的公约数。"

胖国王着急地问："我派去的军官人数最多应该是多少呢？"

奇奇马上回答："这就是求最大公约数的问题了。公约数3乘以公约数4，3×4＝12，您最多可以派12名军官到这三个军团去，他们到了这三个军团中的任何一个军团，每个军官也都能带领一样多的士兵。"

胖国王认为奇奇的学问真了不起，兴致勃勃地继续问："博士，如果我派 10 名军官去，行不行呢？我喜欢'10'这个数字。"

奇奇肯定地回答："不行。国王，除了 1，2，3，4，6 和 12 这六个数目，其他的数目都不行。"

胖国王有点儿不高兴，追着问："我不明白，为什么你说的数目就行，我说的数目就不行。你只是个博士，我可是个国王啊。"

奇奇笑了。他学着张老师的语气，耐心地对胖国王解释说："国王，我告诉您的那几个数目，都是求最大公约数时求出来的，不是随便想出来的。别的数目不是这三个数的公约数，谁说都不行。"

胖国王明白了其中的道理，又照着奇奇教的求最大公约数的方法，自己出了几个题目试算了一下，果然很灵。当他算到假设三个军团的人数是 71，140 和 43 的时候，他求来求去，没有求到公约数。

胖国王困惑了，叫住奇奇问："奇奇博士，你快看，在这几个数字中，它们的最大公约数是几呀？"

"1！"奇奇在帮助胖国王的过程中，变得爱动脑筋

了，"1 是所有正整数的约数。所以，当您碰到几个数字在一起而没有公约数的时候，它们的最大公约数就是 1。"

"对！的确是 1！"胖国王高兴地说，"要是碰到这样的情况，1 就是我。不管哪个军团，通通由我统率，我就是全体士兵的总指挥。"

胖国王和奇奇一边做题，一边讨论，两人正谈得高兴，一名士兵忽然跑来报告："公安部长要求立刻见国王，有要事禀报。"

知识点 解 析

最大公因数

故事中的问题是求最大公因数，奇奇博士用短除法求出了 91、140、112 的最大公因数是 7，60、132、240 的最大公因数是 12，派军官的问题就解决了。

几个数公有的因数，叫作这几个数的公因数，公因数的个数是有限的，其中最大的一个叫作这几个数的最大公因数。数 a、b 的最大公因数是 m，就记作 $(a, b) = m$。

考考你

胖国王的军团排成一个长边是 24 人、宽边 18 人的长方形阵，现在要把这个长方形的军团分成若干个每边人数相等的正方形方阵，恰好没有剩余的人，则至少可以分成几个方阵？

设计追捕特务

公安部长气喘吁吁地跑来报告："三个军团的军事部署情报，全被长人国派来的特务偷走了。"

胖国王一听军事情报被偷走，非常生气，命令公安部长亲自追捕，要抓活的。

公安部长回答："长人国派来的特务十分狡猾，他并不急于出境，而是带着情报驾驶着摩托车，绕着大山底下的环形公路一圈一圈地兜圈子。他想把咱们敦实城的地形情况侦察清楚以后，再携带情报逃跑。"

胖国王问："公安部长，你的摩托车和长人国特务的摩托车比，谁的速度快？"

公安部长自豪地回答："报告国王，当然是我的摩托车速度快！"

"既然你的摩托车速度比他快，那你追上他，肯定能把他抓住。"胖国王认为完成这件任务十分简单。

"可是，"公安部长犹犹豫豫地解释，"国王，我们矮人国的人个儿矮、力气小，比不得他们长人国的人个儿高、力气大，只怕我单独和那个特务相遇的时候，打不过他。"

胖国王说："这好办，我率领一支队伍埋伏在环形公路的交叉路口，你驾驶摩托车去追赶特务，在你单独追上特务时，先不要惊动他。等你恰好在交叉路口追上特务的时候，再动手抓他，此时我会让预先埋伏在交叉路口的士兵支援你。"

公安部长认为这个办法很好，可是他又提出问题："国王，您知道我得绕几圈才能和特务正好在交叉路口相遇吗？"

胖国王回过头来问奇奇："博士，你来帮忙算算。特务绕山一圈 50 分钟，公安部长绕山一圈 40 分钟，他们同时从交叉路口出发，部长得绕几圈才能正好在交叉路口把特务截住？"

奇奇一时没了主意，眨巴着大眼睛想：上次遇到的军官带兵问题，我是用求最大公约数的方法解决的，这次追特务又该用什么方法来算呢？

胖国王见奇奇总不出声，在一边着急地催促："你倒是快算哪，晚了特务就跑啦！"

奇奇没时间再想下去了，心想：反正得找出一个他们共同到达交叉路口的时间数，我还是用求最大公约数的方

法算吧。于是他列出了算式：

$$10 \overline{\smash{\big)}\, 40 \quad 50}$$
$$\; 4 \quad\; 5$$

　　奇奇向胖国王报告："只需要 10 分钟的时间，公安部长和特务就可以重新在交叉路口相遇。"

　　胖国王一听只需要 10 分钟，于是下令叫公安部长马上去追，自己也急忙召集队伍，要求火速赶到交叉路口。谁知公安部长刚刚走到门口，就请求胖国王暂时停止前进。

胖国王不耐烦地说："还不快点儿走！一共只有 10 分钟的时间，晚了就要耽误大事了。"

公安部长对奇奇说："数学博士，你算得对吗？特务绕一圈要 50 分钟，我绕一圈要 40 分钟，10 分钟以后，我和他都在山路的什么地方？能在交叉路口相遇吗？"

"这……"奇奇一听，对呀，他们都从交叉路口出发，10 分钟以后，两个人都还在半路上呢，怎么可能在交叉路口相遇呢？奇奇一时答不上来。

公安部长上下打量着奇奇，悄悄对胖国王说："国王，奇奇个头儿这么高，又总在重要的时候算错题，他会不会是长人国派来的奸细？"

胖国王摇摇头说："奇奇博士是小机灵向我推荐的，我知道小机灵是好孩子，奇奇当然也是好孩子，不会是什么奸细。奇奇年龄小，也许学了算术不大会用。让他再算一算。"他转过脸来对奇奇说："奇奇，你再想想，看到底得用多少时间。"

奇奇心里很难过，后悔自己没把算术学好，一碰到问题老是迷迷糊糊，"审"不清楚题，也就拿不准该用什么方法去做题。这回可来不及去问张老师了，只好学着自己再分析分析。他想：前面派军官的问题，是需要找到几个数的最大公约数；而现在追特务的问题，是需要找到一个什么数呢？他们各跑几圈之后才能相遇？噢，对了……

张老师不是讲过这么一道题吗？两名自行车运动员在环形跑道上比赛，甲运动员绕一圈需要 10 分钟，乙运动员绕一圈需要 12 分钟。两名运动员同时间、同地点、同方向出发，问：需要多长时间，两个人再一次在起点相遇？这时甲、乙运动员各绕了多少圈？张老师说，这是一个求最小公倍数的问题。现在，公安部长骑摩托车去追骑摩托车的特务，要算出他们从交叉路口同时出发以后，

绕了几圈才能再在交叉路口相遇。原来我要找的不是它
们的公约数，而应该是它们的公倍数。为了节省时间，
需要找出它们的最小公倍数来——哎，这不是求最小公
倍数的问题吗？

想到这里，奇奇高兴地蹦了起来，忘记了矮人国房子
矮，竟把脑袋撞出了一个大鼓包。

奇奇还记得求最小公倍数的方法，他写了个式子：

$$10 \begin{array}{|cc} 40 & 50 \\ \hline 4 & 5 \end{array}$$

因此，40 和 50 的最小公倍数是 $10 \times 4 \times 5 = 200$。

这回，奇奇充满信心地把计算结果交给了胖国王，并
且给胖国王出主意说："我们可以让公安部长先骑着摩托
车，趁着特务经过交叉路口的时候追上去。这时候，等于
他们俩都刚刚从交叉路口出发 200 分钟以后，公安部长转
了 $200 \div 40 = 5$（圈），特务转了 $200 \div 50 = 4$（圈），他
们正好在同一时间回到了交叉路口。"

胖国王一面听，一面点头说："200 分钟还差不多，
200 分钟合 3 小时 20 分。我率领队伍到那里埋伏好，时
间足够了。"

胖国王亲自带着士兵埋伏在交叉路口。时间一分一秒

地过去，两辆摩托车也一前一后风驰电掣般地从士兵埋伏的地点闪过，胖国王沉住气，一动不动。到了算好的时间，特务和公安部长果然同时到达交叉路口。公安部长将摩托车往路中间一横，长人国特务没有提防，摩托车被撞倒在地，两个人展开了激烈的搏斗。只见胖国王把手一挥，埋伏的士兵大喊一声，一拥而上，活捉了特务，从他身上搜出了被偷走的军事情报。

这次追拿特务的行动轻而易举地取得了胜利，胖国王高兴极了，又问奇奇："这次你用的什么方法，算得这么准？"

奇奇喜滋滋地回答："报告国王，我用的是求最小公倍数的方法。"

胖国王又问："最小公倍数怎么求？我也要学一学。"

奇奇列出求最小公倍数的短除算式，胖国王一看就乐了，咧开大嘴哈哈笑着说："博士呀博士，你这个方法不是和求最大公约数的方法一模一样吗？"

奇奇说："算法是一样，可是求的目的不同，得数也就不相同。最大公约数是求几个数共有的最大约数，只取短除式左边的商；而最小公倍数是求几个数共有的最小倍数，除了取短除式的商，还得乘上余数。刚才第一回我就是把这道求最小公倍数的题，当作求最大公约数的题去做，结果算错了，要不是公安部长提醒我,险些出事！"

胖国王也不再追究奇奇第一次的错误，只是对奇奇说："这算术可真有用啊！你回去把求最大公约数和最小公倍数这两类问题，好好总结一下，别再搞错了。总结清楚了，我也要学一学。"

忽然，北边鼓声咚咚，军号嗒嗒。原来是 B 军团击退了长人国的入侵军队，大胜而归，矮人国居民沿途欢迎凯旋的士兵，场面十分热闹。

　　晚上，奇奇回到住所，想起自己这些日子在矮人国遇到的事情，又高兴又惭愧。高兴的是自己用算术帮助胖国王解决了几道难题，惭愧的是每次算题总要出点儿差错。其实题并不难，只怪自己过去没好好学数学。于是他打开万能通话机呼叫张老师，请他给自己补习数学。

　　打那以后，奇奇经常请教张老师，从不间断。通过一段时间的学习，奇奇进步得很快。

　　一天晚上，奇奇正在向张老师学习数学，窗户上忽然映出两个长长的人影儿，奇奇收起万能通话机问道："谁？"没人回答，再问一声，仍没人回答。只听得砰的一声，门被踢开了，两个蒙面人闯了进来，两支枪逼住了奇奇："不许动！"

知识点 解析

最小公倍数

故事中的问题是求最小公倍数，40 和 50 的最小公倍数是 200，所以公安部长和特务出发 200 分钟后又回到了交叉路口。

几个数公有的倍数，叫作这几个数的公倍数。公倍数的个数是无限的，其中最小的一个叫作这几个数的最小公倍数。数 a、b 的最小公倍数是 n，就记作 $[a, b] = n$。

考考你

B 军团大胜而归，胖国王为士兵们准备了丰盛的晚餐，每一只烤鸡可供三个人吃，每一只烤鸭可供四个人吃，每一只烤兔子可供五个人吃。士兵们最后吃了鸡、鸭、兔一共 130 只，请问一共有多少名士兵？

宴会上的考试

两个蒙面人用黑布蒙住奇奇的眼睛，用枪逼着奇奇，把他绑架走了。

当蒙在奇奇眼睛上的黑布被解开时，奇奇一下愣住了，他来到了一个多么奇怪的地方呀！

宫殿出奇地高大，高度是矮人国王宫的两倍；宫殿两旁站立着的士兵，一个个又瘦又长，身高是胖国王的士兵的两倍。宫殿正中的宝座上坐着一个人，很瘦很瘦，看不出他有多高，想必也矮不了。

奇奇气愤地高声质问：“你们是什么人？为什么绑架我？”

坐在宝座上的人先是一阵冷笑，接着说：“这里是长人国，我就是长人国的瘦皇帝。过去我们攻打矮人国，他们的军官总是为了带兵数量不一样发生内讧，所以我们每战必胜，可以缴获大量的战利品。”说到这里，瘦皇帝忽然变得十分生气，不由得提高了嗓门，“自从矮人国来了你这个数学博士，他们的一切行动都有条不紊，步调一致，害得我们第一次打了败仗！我派去的特务队长也被矮人国活捉了。"

奇奇说："那又怎样呢？"

瘦皇帝盛气凌人地笑着说："既然你的数学那么好，我这儿解决不了的数学难题有一大堆。这次把博士请来，是想请你帮忙解三道题。不过，请你记住，根据我的法律，如果有一道题解得不对，我就立刻下令把你枪毙！博士，你看怎么样呢？"

奇奇见瘦皇帝这么蛮不讲理，气不打一处来："你们

长人国无故侵犯矮人国，以强欺弱，以大欺小，我当然要帮助矮人国对抗你们的侵略。你有什么难题，尽管说出来吧！"

瘦皇帝说："好，好，看来你胆量不小嘛。设宴招待博士！"

瘦皇帝一声令下，碗、盘、杯、筷摆满一桌，奇怪的是，里面什么菜都没有，全是空的。

瘦皇帝又下令："请皇太子！"不一会儿，只见两个卫兵领着傻呵呵的瘦太子走了进来。

瘦皇帝向外一招手说："上菜！"两个卫兵从外面抬进一个大笼子，笼子外面钉有木板，只能依稀看见笼子里来回乱窜的动物的脚。

瘦皇帝说："今天的宴会，请大家吃烤兔和烧鸡。这个大笼子里面装有活的兔子和鸡，一共是50只，请你告诉我，这里面共有几只兔子几只鸡？"

奇奇一听，心想：瘦皇帝给我出鸡兔同笼的问题了，就问："它们共有几只脚呢？"

瘦皇帝狡猾地笑了笑说："还没数呢！"

奇奇知道瘦皇帝故意为难自己，便想了一下，对瘦皇帝说："你不是说吃烤兔和烧鸡吗？请抬一个火炉来吧！"

瘦皇帝不知道奇奇葫芦里卖的什么药，就命令卫兵抬进一个火炉。奇奇让卫兵把大笼子放在火炉上烤了起来。大家都觉得奇怪，一个个瞪大眼睛看着笼子。

瘦太子觉得很好玩，跑过去一个劲儿地往笼子里瞧。笼子底部热得烫脚，鸡都抬起了一只脚，个个"金鸡独立"；兔子也被烫得用后腿支撑着站了起来。

奇奇对瘦太子说："你数数，这下面一共有多少只脚？"

瘦太子认认真真地数了一遍，说："不多不少，正好70只脚。"

奇奇马上说："一共有20只兔子，30只鸡。"

瘦皇帝听了，马上命令卫兵："打开笼子，让太子数一数。"

瘦太子站在笼子旁边，1，2，3，4……数完了兔子又数鸡，然后高兴地叫道："爸爸，真的，兔子和鸡的数量一只不差！"

瘦皇帝一计不成，只好让卫兵把笼子抬走。不一会儿，烤兔、烧鸡被端了上来，大家动手吃了起来。

瘦太子坐在奇奇旁边，伸出大拇指说："奇奇，你真不愧是数学博士，算得这么准，简直神了。你能告诉我是怎样算的吗？"

奇奇故意卖关子："你想想，火烤笼子的时候，鸡几只脚着地？兔子几只脚着地？"

瘦太子回答："鸡嘛……一只脚着地，兔子嘛……哎，两只脚着地。"说着来了个金鸡独立，引得满屋人哄堂大笑，只有瘦皇帝气得直哆嗦。

奇奇又问："如果从每只鸡和每只兔子中再减去一只脚，是不是只剩下每只兔子的一只脚了？"

瘦太子连忙答道："对！对！"

奇奇接着说："刚才火烤笼子时，你数了共有70只脚，瘦皇帝告诉我，里面鸡兔共有50只。从70里面减去50，就好比把每只兔子和每只鸡的脚再减去一只。那剩下的不就是每只兔子的一只脚的数目吗？这也就是兔子的只数呀。因此，我先算出来兔子有20只，然后就知道鸡有30只。"

瘦太子高兴地跳着脚说："办法高、想得奇，又烤兔子又烧鸡。让剩下的脚数和兔子的只数一样多，先求兔子再求鸡。哈哈，真好玩，真聪明！"不一会儿，他就把一只鸡吃完了。瘦太子对瘦皇帝说："爸爸，我没吃饱，还想再吃。"

瘦皇帝冲外面喊："再抬一个笼子来！"只见卫兵又抬出一大笼子的鸡和兔子来。

瘦皇帝对奇奇说："这次你不能用火烤了，因为我要吃清蒸兔子和清蒸鸡，请博士再给我算算，笼子里共有几只兔子几只鸡？"

奇奇问："它们一共有几只呢？"

瘦皇帝阴沉着脸说："不知道。"

奇奇想：这回不让我用火烤了，而且不但没有脚数，连只数也不告诉我了，我得想个什么办法来算呢？他想了一下，对瘦皇帝说："请给我一些青草和米粒，行吗？"

瘦皇帝没防备奇奇会提出这个要求，一时也猜不透他的用意，只得答应了。

奇奇不慌不忙，把青草放在笼子上面，把米粒撒在笼子底下。兔子闻见青草香，举起两只前腿扒在笼子上沿，后腿支撑着站立起来吃青草。而鸡呢，它们两只脚着地，忙着低头吃米。奇奇让瘦太子数了一下脚数，脚有100只。

奇奇把青草撤掉，又让瘦太子数了一下脚数，是150只脚。奇奇胸有成竹地对瘦皇帝说："笼子里有25只兔子，25只鸡。"卫兵打开笼子一数，又是一只不差。

瘦太子佩服地说："真神呀！奇奇博士，请你快告诉我，这次又是怎样算的呢？"

奇奇说："放上米和青草以后，你数了有100只脚。这时兔子前脚扒在笼子沿上，每只兔子和鸡一样，只有两条腿站在笼子里。这样的100只脚是几只兔子几只鸡呢？"

瘦太子想了想，说："这时的兔子和鸡都是两只脚，100只脚说明兔子和鸡共有50只。"

奇奇夸奖说："你说得对呀！这样我们就知道了笼子里兔子和鸡的总数，是不是？"

"是的。"瘦太子学算术的兴趣被奇奇激发出来了，他接着问，"那你又是怎样知道它们各自的只数呢？"

奇奇解释说："后来我把青草撤掉了，兔子就四脚着地，你又数了它们的总脚数，是150只脚。150只脚比100只脚多50只脚，这50只脚是谁的呢？"

"是兔子的呀!"听到这里，瘦太子豁然开朗，接着回答奇奇的问题，"这时笼子里的每只兔子比刚才多了两只脚，50只脚正好是25只兔子的。"

"对呀，"奇奇继续鼓励瘦太子，"你已经算出来了，笼子里的50只兔子和鸡当中，有25只是兔子，还剩下几只鸡，你还算不出来吗？"

"25只鸡!"瘦太子拍着手欢呼起来，"对极了!对极了!奇奇博士，你讲得真明白。我上了十年学，到现在还在念一年级，老师说我笨，爸爸说我没出息。要是我

的老师也像你这样讲，我准能升级。"

卫兵又端上清蒸兔子和鸡，瘦太子一个劲儿地让奇奇吃，奇奇平安闯过一关，肚子早已饿得咕咕叫了，于是美美地吃了一餐。

瘦皇帝看到这样的情景，心中直生闷气，自己出的难题不但没考住奇奇，反而让他吃了个饱，真是越想越生气。瘦皇帝气得一拍宝座说："好！博士，今天就算你答出了我的第一道难题。明天我再考你第二道题。"

瘦皇帝说完，便命令士兵把奇奇带进了牢房。

知识点 解 析

鸡兔同笼

故事中的问题是鸡兔同笼问题，与一般的鸡兔同笼解法不一样，奇奇采用的是"金鸡独立"的办法。鸡和兔共 50 只，兔子抬起两只脚，鸡一只脚独立后，一共还剩 70 只脚，用 70 - 50 = 20（只）就可以求出兔子的只数。

考考你

瘦皇帝想再考考奇奇博士，命人抬上一笼子鸡和兔，告诉奇奇博士鸡和兔共有脚 124 只。接着瘦皇帝命人将鸡换成兔、兔换成鸡，再一数，共有脚 104 只。你能帮奇奇博士算出原来鸡、兔各有多少只吗？

夜明珠在哪儿

第二天一大早，奇奇被两名士兵带到瘦皇帝跟前。他看见桌子上摆着许多华丽的小盒子，小盒子上面编着1，2，3，4……的号码。没等奇奇看清有几个盒子，瘦皇帝就让卫兵用一块绸缎把小盒子都盖上了。

瘦皇帝说："奇奇博士，长人国的国宝——夜明珠，就在这些小盒子中的某一个盒子里，这些小盒子从1开始编号。除去那个装夜明珠的盒子的编号，把其余编号都加起来，再减去装夜明珠盒子的编号，刚好等于100。我问问你，夜明珠装在几号盒子里？共有多少个小盒子？"

奇奇一听可犯了难，既要求出装夜明珠盒子的编号，又要求出小盒子的个数，这可怎么做呢？奇奇犹豫不定，没有立即答话。

瘦皇帝忽然发出一阵怪笑，对奇奇说："数学博士，怎么样，不会算了吧？我要做到仁至义尽，给你三天时间，到时候你回答不出来，可别怪我不客气。来人，把他押下去！"

奇奇回到牢房，一边想，一边在地上画着：盒子有多少个不知道，应该设盒子数为 x 个。夜明珠放在几号盒子里也不知道，应该设夜明珠在 y 号小盒子里。这样不就有两个未知数 x 和 y 了吗？应该先求哪一个呢？怎样列方程呢？

奇奇反复琢磨，怎么也理不出头绪来。身陷困境的奇奇不免又想起了张老师，可他刚抓起万能通话机，又转念一想，为什么不自己先试一试呢？于是，奇奇先把前面的 10 个编号加在一起：

$$1+2+3+4+5+6+7+8+9+10$$
$$=(1+10)+(2+9)+(3+8)+(4+7)+(5+6)$$
$$=11+11+11+11+11$$
$$=55$$

这前 10 个编号加在一起的和才是 55。奇奇想：现在可以肯定，盒子不止 10 个。那么，再加几个盒子呢？试试看。奇奇又把从 11 到 15 这 5 个数加在一起：

$$11+12+13+14+15$$
$$=(11+14)+(12+13)+15$$
$$=65$$

这样从 1 加到 15，总共是 120，已经超过了 100。奇奇想：看来夜明珠大概在前15个盒子里，我在这个范围里面去凑凑。

夜明珠可能在哪个盒子里呢？120比100多20，根据题意，相加的答数应该去掉装有夜明珠盒子的号数，还得减去装有夜明珠盒子的号数，这两个数其实是一个数，因此，只要找到用120减去两个一样的数等于100就行。

第10个盒子

啊，猜出来了，夜明珠应该在10号盒子里。因为120减去两个10，正好是100。想到这里，奇奇高兴得跳了起来。这一跳不要紧，却把看守的士兵吓了一跳，士兵喝道："你要干什么？"

奇奇对士兵说："快去告诉你们的瘦皇帝，他出的第二道题，我已经算出来了。"

士兵领着奇奇来见瘦皇帝，奇奇说："我算出来了。一共有15个盒子，夜明珠放在10号盒子里。"奇奇抢先一步将盖在桌子上的绸子唰地揭开，一数盒子正好是15个。奇奇又拿起10号盒子，啪地打开了盒盖，一颗光彩夺目的夜明珠显现出来。

瘦皇帝并不服输，他问奇奇："你是怎么算出来的？"

奇奇想：我当然不能告诉他我是凑出来的。奇奇说："我是用试验的方法求出来的。"

"试验法？"瘦皇帝哈哈大笑，"我不承认它是算术，这纯粹是瞎蒙，是瞎猫碰见死耗子。你说不出计算的方法，就不能算数。来人，把奇奇带下去！"

奇奇坐在牢房里直发愁，瘦皇帝不承认试验得出来的结果，列方程解这道题自己又不会，怎么办呢？

正发愁间，他忽然听见有人在低声叫："奇奇，奇奇。"奇奇一看，啊，原来是好朋友小机灵藏在角落里。奇奇连

忙背转身挡住士兵的视线，只见小机灵递过来一张折得很小的字条，悄声说："这是张老师让我带给你的。"

奇奇接过字条打开一看，上面写着：

$$1+2+3+4+5+6\cdots\cdots+(x-2)+(x-1)+x$$
$$3+(x-2)=x+1$$
$$2+(x-1)=x+1$$
$$1+x=x+1$$

这是什么意思呢？奇奇琢磨了一会儿后，一拍脑门：

"哎呀，我之前怎么没有想到哇？"

三天的期限到了，奇奇又被带到了瘦皇帝的面前。瘦皇帝幸灾乐祸地问："奇奇，怎么样，不许蒙，你就算不出来了吧？"

奇奇不慌不忙地说："我怎么算不出来呢？我设盒子总数是 x 个，设夜明珠放在 y 号盒子里。根据你出的题目，我可以列出以下方程：$[1+2+3+\cdots+(x-2)+(x-1)+x]-2y=100$。"

瘦皇帝打断说："你在一个方程中放了两个未知数，怎么解呢？"

奇奇把写在字条上的式子列了一遍，对瘦皇帝说："你看，根据这个式子，从 1 到 x 这几个连续数的和，可以归纳为以下的式子：$1+2+3+\cdots+(x-2)+(x-1)+x=\dfrac{x(x+1)}{2}$。把这个式子代入我刚才列的那个方程中去，得：$\dfrac{x(x+1)}{2}-2y=100$，解得：$y=\dfrac{x(x+1)}{4}-50$。"

瘦皇帝两眼直直地盯着奇奇追问："你解到这里，还是两个未知数呀？"

奇奇胸有成竹，思路清晰地回答："有了这个简化了的方程，我就可以根据题意对它进行分析。x 代表盒子数，y 代表装夜明珠的盒子号数，它们都只能是正整数。

这样我们就知道，$\dfrac{x(x+1)}{4}$ 必须是比 50 大的正整数，而且 $x(x+1)$ 必须能被 4 整除。"

"你说这个数到底是几呀？"瘦皇帝听得有点儿不耐烦了。

"你别急，我马上就能把它解出来。"奇奇沉着地回答，"x 和 $x+1$ 表示相邻的两个正整数，一个是奇数，另一个必定是偶数。

"如果 $x+1$ 是能被 4 整除的偶数，它只能等于 4，8，12，16，20 等 4 的倍数，而 x 就只能相应地等于 3，7，11，15，19 等奇数。如果 x 取这些奇数中小于 15 的数，比如取 $x=11$，则 $y=\dfrac{11\times(11+1)}{4}-50=-17$，$y$ 得负数，这显然不是我们要求的那个数。

"如果 $x=15$，则 $y=\dfrac{15\times(15+1)}{4}-50=10$，$y$ 得 10，经过验算符合题意的要求，正好合适。

"如果 x 取这些奇数中大于 15 的数，比如 $x=19$，则 $y=\dfrac{19\times(19+1)}{4}-50=45>19$，这表示 y 号小盒不在 19 个小盒子内，也不是我们要求的数。

"因此，在 x 能取的 3，7，11，15，19……这些数中，大于 15 的、小于 15 的都不合适，只有 $x=15$ 才正合适。

所以，由 $x = 15$，$y = 10$ 可知，一共有 15 个小盒子，夜明珠必定在 10 号小盒里。"

奇奇有条有理，思路清晰，一口气说完了解法。瘦皇帝虽不服气，却也暗自称奇："好厉害的奇奇博士呀！"他不甘心地说："奇奇，虽然你已经解答出了第一道和第二道题，但是还有第三道题等着你。明天你要是答不出来，我还是要判你死刑！"

奇奇正想答话，忽然发现瘦皇帝宝座下面有个东西一闪。奇奇定睛一看，啊，原来是他来了！

知识点 解析

不定方程

　　未知数的个数多于方程个数的方程（或方程组）称为不定方程（或不定方程组）。不定方程的形式灵活多样，但在小学阶段的竞赛中，一般只讨论二元一次方程。如 $ax \pm by = c$（a、b、c 为已知的整数）的方程，我们称为二元一次不定方程，又称丢番图方程。一个不定方程一般有无穷多组解，但小学阶段主要涉及整系数不定方程的整数解。不定方程通常利用不等式及整除性来求解。

考考你

　　瘦皇帝把 27 颗夜明珠装入两种大小不同的盒子中，每个大盒子装 5 颗，每个小盒子装 3 颗，恰好装完。两种盒子都装，请问这两种盒子各有多少个？

鳄鱼池旁的斗争

瘦皇帝要考奇奇第三个题目了。

一大早，瘦皇帝就把奇奇领到一个大水池旁边。奇奇探头往里一看，一条非常长的、张着血盆大口的鳄鱼正在水中游动，还不时发出牛叫一般的吼声。

"我现在给你出第三道题。"瘦皇帝对奇奇说，"这条鳄鱼的重量等于它本身重量的 $\frac{5}{8}$ 再加上 $\frac{5}{8}$ 吨，请问这条鳄鱼有多重呀，博士？"

奇奇一听，噢，考分数啦，这我倒不怕！

奇奇胸有成竹地说："鳄鱼重量的 $\frac{5}{8}$ 加上 $\frac{5}{8}$ 吨等于鳄鱼重量，要求鳄鱼有多重？这 $\frac{5}{8}$ 吨该占鳄鱼重量的 $\frac{3}{8}$ 了。这是已知部分求全体，应该做分数除法：$\frac{5}{8} \div \frac{3}{8} = \frac{5}{8} \times \frac{8}{3} = \frac{5}{3} = 1\frac{2}{3}$（吨）。"

瘦皇帝紧接着说：“这是条名贵的长尾巴鳄鱼。它的尾巴长度是头的 3 倍，而身体只有尾巴的一半长。已经知道它的身体和尾巴加在一起的长度是 13.5 米。请问这条鳄鱼的头有多长？鳄鱼总长又是多少？”

奇奇想了一下，说：“可以想象着把鳄鱼分成几等份，头部算 1 份。由于尾巴是头部的 3 倍，尾巴就该占 3 份。”

瘦皇帝追问：“那鳄鱼的身体该占几份呢？”

“身体的长度是尾巴的一半，因此身体应该占 $\frac{3}{2}$ 份。这样鳄鱼的总长是 $1+\frac{3}{2}+3=5\frac{1}{2}$（份），其中头部恰好占 1 份。所以：头长 $=13.5\div(1+\frac{3}{2}+3)=13.5\div\frac{11}{2}=\frac{27}{11}=2\frac{5}{11}$（米）。”

瘦皇帝忽然转身逼近奇奇，恶狠狠地问：“照你这么说，鳄鱼的头长是 $2\frac{5}{11}$ 米了？”

奇奇刚想点头说“对”，只见昨天就躲在瘦皇帝宝座后面的小机灵，从瘦皇帝身后闪了出来，冲着奇奇一个劲儿地摆手。

奇奇灵机一动，反问瘦皇帝：“你说对不对呢？”

瘦皇帝面带杀气，加重了语气：“奇奇，我要是说不对，那就要判你的死刑了，你是不是死而无怨呢？”

奇奇环顾四周，感到气氛十分紧张，又想起瘦太子对自己的忠告，知道瘦皇帝的追问不怀好意，再加上小机灵直对自己摆手，显然自己刚才答得不对。他赶紧冷静地回顾了一下瘦皇帝给自己出的那道题，猛地醒悟过来，明白自己的差错出在哪里了。他并不慌张，反倒微微一笑说："瘦皇帝，刚才我只不过是想试试你这个出题的人会不会算，和你开了个小小的玩笑。因为13.5米只是它身体和尾巴的长度，不包括头的长度，所以在求头长时，不能用$1+\frac{3}{2}+3$去除，应该用$\frac{3}{2}+3$去除才对。头长$=13.5\div(\frac{3}{2}+3)=13.5\div\frac{9}{2}=13.5\times\frac{2}{9}=3$（米）。"

"鳄鱼头长为3米，总长是$13.5+3=16.5$（米）。你说对不对呢，瘦皇帝？"奇奇一口气说到这里，感到轻松多了。

瘦皇帝狠狠地说："你死到临头了，还开什么玩笑！我再问你……"

奇奇打断了他的话："瘦皇帝，你还有完没完？怎么一问接着一问？"

瘦皇帝大声喊道："奇奇，告诉你，这是最后一问了。我花了2500金币买了这条鳄鱼，修了这个水池。如果鳄鱼的价格贵500金币，那么修水池的费用就是总钱数的

$\dfrac{1}{3}$；如果修水池费用少花 500 金币，那么，鳄鱼的价格就

是总钱数的$\dfrac{3}{4}$。请问买鳄鱼和修水池各花了多少钱？"

奇奇这回不敢粗心大意，先用心算了一遍，然后说：

"把总钱数加上鳄鱼贵出来的 500 金币，应该等于修水池

费用的 3 倍，因此：修水池费用=(2500＋500)÷3＝1000（金

币）；把总钱数减去 500 金币，剩下的钱数的$\dfrac{3}{4}$就是鳄鱼

价格。鳄鱼价格=(2500－500)×$\dfrac{3}{4}$＝1500（金币）。"

瘦皇帝像个泄了气的皮球，无话可说。

奇奇又说："瘦皇帝，这道题你多给了一个条件，题

目的后一部分条件完全用不着。只要知道修水池的费用为

1000 金币，从总钱数 2500 金币中减去 1000 金币，剩下

的 1500 金币就是鳄鱼的价格。你是否知道，出数学题时，

条件既不能多，也不能少？看来你对出数学题的基本知识

还差一点儿呢！"

瘦皇帝本想多用一个条件去扰乱奇奇的思路，没想到

反被奇奇奚落了一顿，他又羞又恼。奇奇理直气壮地问：

"瘦皇帝，我已经解答了你出的全部题目，该放我回矮人

国去了吧？"

瘦皇帝一阵狞笑："我可爱的数学博士，你还想回矮

人国？哈哈……实话告诉你吧，我从把你抓来的时候起，

就没打算叫你活着回去。"

奇奇气愤地说："你身为一国之主，怎么能说话不算数呢？"

瘦皇帝狡黠地说："奇奇，我只是答应说，如果你能算出三道题，我就不枪毙你。我可没说过不把你拿去喂鳄鱼呀。来人，把奇奇推进鳄鱼池里！"

这时，两个长人国士兵跑过来，抓住奇奇就要往池子

里推。奇奇一面反抗，一面大骂："瘦皇帝，你这个大坏蛋，你绝不会有好下场！"

正在这万分危急的时刻，忽然听得一声尖叫："住手，不许动！"大家一愣，只见小机灵拿着手枪站在瘦皇帝的身后，枪口正顶在瘦皇帝的腰眼上。

小机灵一面摇晃着小脑袋，一面笑嘻嘻地说："我说瘦皇帝，你可真够坏的！人家奇奇把三道题都答出来了，你还要害死他。对不起，我们是主持正义的，请你把我们俩送出边界。你胆敢说个不字，我手指一动，你就完蛋啦！"

小机灵的出现出乎瘦皇帝意料，他颤抖着声音问："小机灵，你从哪儿来的？"

"我吗？"小机灵笑嘻嘻地回答，"知道你对奇奇不怀好意，我昨天就躲在你的宝座后面了。是我推荐奇奇到矮人国去当数学博士的，我怎么能让你将他害死呢？"

瘦皇帝无可奈何，只好连连点头说："我送你们出境，我送你们出境。"

小机灵和瘦皇帝在前，奇奇在后，三人往边界方向走去。虽然旁边有大批的长人国士兵，但是他们谁也不敢轻举妄动，都眼睁睁地看着三人走过。只有瘦太子躲在一个角落里，心中暗暗为奇奇庆幸……

在回敦实城的路上

瘦皇帝把奇奇和小机灵送到边界，眼睁睁地看着他们俩往矮人国的方向走去，气得咬牙切齿。小机灵笑嘻嘻地向瘦皇帝一招手，说："不用远送了，再见。"

小机灵转过身来，悄悄对奇奇说："瘦皇帝不会善罢甘休的，可能要派兵来追咱俩。"

奇奇紧张地问："那怎么办？咱们和他们拼了吧！"

"不能蛮干！"小机灵一摆手说，"你先走，我有手枪，在后面保护你。你一听到枪声，就赶紧藏起来，别让他们发现。"

"不成，不成。我走得快，还是你先走吧。"奇奇和小机灵商量着，"这儿离矮人国的首都敦实城有多远呀？咱俩最好能同时到达敦实城，一起去见胖国王。"

小机灵想了一下，说："到敦实城的距离嘛，你算算吧，你每小时走 5 千米，我每小时走 3 千米，如果我比你早走 $\frac{3}{2}$ 小时，咱俩就能同时到达敦实城，你说从这儿到敦实城有多远呢？"

奇奇笑着说："我问你敦实城离这儿有多远，你还让我算题。算就算，我每小时走 5 千米，只要再知道能用多长时间到达敦实城，就能算出它们之间的距离。"

"不错，你接着算。"

"你比我早走 $\frac{3}{2}$ 小时，在 $\frac{3}{2}$ 小时里你走了 $3 \times \frac{3}{2} = \frac{9}{2}$（千米）。可以想象为从一开始，你就在我前面 $\frac{9}{2}$ 千米，到达敦实城我正好比你多走了 $\frac{9}{2}$ 千米，因此，咱俩才能同时到达。"

"不错，你接着算。"小机灵还是这句话。

"我为什么能追上你呢？因为我走的速度比你快。每小时快 5−3＝2（千米），我是用每小时快出来的 2 千米来追补所差的 $\frac{9}{2}$ 千米。这就求出了所用的时间：$\frac{9}{2}÷2=\frac{9}{4}$（小时）；从这儿到敦实城的距离：$5×\frac{9}{4}=11.25$（千米）。"

小机灵双手一拍，高兴地说："对啦！就是 11.25 千米。"

奇奇紧接着问："你同意先走啦？"

"我先走？"小机灵摇摇脑袋说，"没门儿，一个人单独走路多没意思。"

"对。我也不先走，我们俩一起走。万一瘦皇帝追来，我们就一同对付他们，好不好？"

"好，就这样。"小机灵痛快地答应了。

走了不长时间，奇奇一摸兜，忽然"啊呀"一声，把小机灵吓了一跳。

小机灵问："你怎么啦？"

奇奇说："我的万能通话机不见了！"

"啊？你丢在哪儿啦？"

"可能丢在边界上啦！"

小机灵说："我陪你回去取。"

奇奇摇头说："还是我去吧。我走得快些，耽误不了到敦实城的时间。"

小机灵没办法，只好说："你什么时候能追上我呀？"

奇奇想了想，说："你每小时走 3 千米，我每小时走 5 千米。我去边界，一去一返只需要$\frac{1}{2}$小时，在这$\frac{1}{2}$小时内你向前走了$3 \times \frac{1}{2} = \frac{3}{2}$（千米）……"

小机灵打断奇奇的话说："这相当于从这个地方算起，我在你前面$\frac{3}{2}$千米，你追我。我与你的速度差是：$5 - 3 = 2$（千米/小时），你追上我所用的时间是：$\frac{3}{2} \div (5 - 3) = \frac{3}{2} \div 2 = \frac{3}{4}$（小时），再加上你去边界所用的$\frac{1}{2}$小时，一共用 $\frac{5}{4}$ 小时你就能追上我了。"

奇奇又问："要是列个综合式来计算，你也会吗？"

"会呀！"小机灵回答，"时间 $= \frac{1}{2} + 3 \times \frac{1}{2} \div (5-3) =$ $\frac{1}{2} + \frac{3}{4} = \frac{5}{4}$（小时），对不对？"

"对——呀！"奇奇故意拖长声音，他看着小机灵，用夸张的语气说，"小机灵，没想到你的数学进步得这么快，又能出题考我，又能自己算题，不简单呀！"

"跟数学博士在一起，我能不长进吗？张老师也教我学数学呢！"小机灵说着，把手枪递给奇奇，"你把它带在身上，别看枪小，威力可大啦。"

奇奇赶回边境，顺利地找到了万能通话机。他一会儿也没敢耽搁，原路返回，又走了三刻钟，果然追到了小机灵。

小机灵问："奇奇，路上没碰到瘦皇帝派来的追兵吗？"

奇奇神气地回答："没有。我想他也不敢再来追我们。"

一路说着，他们俩爬上了一座山。奇奇忽然弯下腰，双手捂着肚子，再也走不了啦。

小机灵着急地问："奇奇，你怎么啦？"

"肚子痛。"奇奇皱紧了眉头。

小机灵说："可能是因为你刚才走得急了些。快坐在这儿休息一下，我跑回敦实城请个医生来给你看看。"

奇奇问："从这儿到敦实城还有多远？"

小机灵回答："多远我可说不清。只记得上次到矮人国来玩，我从这座山上以每小时 6 千米的速度下山，再以每小时 4.5 千米的速度走平路，到达敦实城共用了 55 分钟；回来的时候，以每小时 4 千米的速度通过平路，再以每小时 2 千米的速度上山，回到山上用了一个半小时。你算算从山上到敦实城共有多少千米。"

奇奇苦笑着说："小机灵，真有你的！我的肚子痛得这么厉害，你还让我算这么绕人的问题。"

小机灵辩解说："可是……可是这是当时的实际情况，那时我没去算它的距离呀！"

奇奇坐在一块大石头上，有气无力地对小机灵说："这样吧，我说你写，咱俩一起做。"

"行，行。你快说吧。"小机灵连忙答应。

"咱们列方程做，可以快一点儿。"奇奇说，"前几天张老师教给我解方程的方法。设你下山用的时间为 x 小时，走平路用的时间就是 $(\frac{55}{60}-x)$ 小时；从山上到敦实城的路程为：$6x+4.5(\frac{55}{60}-x)$。再考虑往回走，设上山用的时间为 y 小时，则走平路用的时间为 $(1.5-y)$ 小时；由于从敦实城到山上和从山上到敦实城的路程相同，因此，可以列出一个方程：$6x+4.5(\frac{55}{60}-x)=2y+4(1.5-y)$。"

小机灵问："往下怎么做呀？"

奇奇挠挠头说："有两个未知数，需要两个方程才能解。现在只列出一个，另一个我列不出来了。"奇奇翻来覆去地想，急出了一头汗。

小机灵也跟着一起着急。他对奇奇说："刚才你列出的那个方程，是从敦实城到山上和从山上到敦实城的路程相等。再想想，上山和下山，它们的路程也相等呀！"

"对，你提醒得好！"奇奇一拍脑门说，"上山的时间和下山的时间虽然不一样，但路程是相等的。我可以列出另一个方程：$6x=2y$，由这个方程解出 $y=3x$，代入前一个方程就能解出来了。"

小机灵按奇奇说的在地上算起来：将 $y=3x$ 代入第一

个方程，得：

$$6x + 4.5\left(\frac{55}{60} - x\right) = 2.3x + 4(1.5 - 3x)$$

解得：

$$x = \frac{1}{4}$$

因此，走平路的时间为$\frac{55}{60} - \frac{1}{4} = \frac{2}{3}$（小时）。

小机灵高兴地说："这样就能算出从山上到敦实城的距离是：$6 \times \frac{1}{4} + 4.5 \times \frac{2}{3} = 1.5 + 3 = 4.5$（千米）。"

奇奇一听才这么点儿路程，再加上已经休息了一会儿，肚子也不那么痛了，就站起身来说："剩下的路不多了，别再去麻烦人家，咱们还是走回去吧！"

"好，我搀着你走。"小机灵关心地说。

奇奇和小机灵手拉手，往敦实城方向走去。不一会儿，只听得前面锣鼓喧天，敦实城到了！只见胖国王带着官员正在城门口等候迎接。

胖国王握着奇奇和小机灵的手说："你们辛苦了！"

重建王宫

胖国王在王宫内举行盛大的欢迎会。胖国王首先致欢迎词："今天，我们隆重地欢迎奇奇博士和小机灵从长人国凯旋……"

话还没讲完，忽听得地下发出一阵轰轰的响声，王宫开始抖动，桌子、椅子东倒西歪，盘子、茶碗摔了一地，人们吓得手忙脚乱。奇奇大声喊道："地震！快跑出去！"

人们刚跑出去，只听哗啦一声，王宫倒塌了。敦实城霎时间变成了一片废墟。胖国王坐在地上，抱头痛哭。

奇奇安慰说："国王，您不要难过，只要大家齐心协力，一定能建设起一座更加美丽的敦实城。"

一位秃头驼背的老人走到胖国王跟前，咳嗽了一声，对胖国王说："咱们要尽快重建家园，得先成立一个救灾指挥部。"老人是矮人国连任四十多年的建筑部长。

胖国王听奇奇和老建筑部长这么一说，精神振奋起来，立刻召开紧急会议，成立了救灾指挥部，开始研究建设王宫的方案。

建筑部长说："依我看，原来的王宫设计就挺好，外形是正方形，坐北朝南，方方正正。占地面积也好算，等于它一条边的自乘，真是又好看，又好算。"

公安部长有不同意见："过去的王宫，就那么一间正方形的大屋子。国王开会、办公、接待外宾都在一间大屋子里，很不方便。这次重建，如果还要建成老样子，我可不赞成。"

"你不赞成？"胖国王说，"那依你看，我们应该设计一个什么样的王宫才好呢？"

"嗯……"公安部长略微想了一下，"应该设计成三间圆形的房子，一间是国王办公室，一间是外宾接待厅，另一间是会议厅。"

胖国王说："好，王宫建成三间，就方便多了。"

建筑部长反问："三间圆房子连在一起，中间再加上一条通道，像个什么样子？"

小机灵插话说："像一串糖葫芦。"

"哈哈，一串糖葫芦！"建筑部长带着嘲讽的口吻说，"糖葫芦的面积好算吗？"

公安部长的数学也不好，被建筑部长问得哑口无言，一时答不上来。

　　小机灵给公安部长解了围，他说："这个面积倒也好算，圆形的面积公式是：$S = 3.14 \times$半径的平方。只要知道圆的半径，三间圆房子的面积就求出来了。"

　　可是胖国王连连摇头说："糖葫芦一样的房子，我可不想住。"

　　外交部长又建议说："王宫设计成梯形的也挺好，前面宽大，后面紧凑。"

胖国王也不同意，反问道："上哪儿开会去呢？"

大家讨论来讨论去，谁也拿不定主意。胖国王着急了，对奇奇说："你倒是说说，建个什么样的王宫，才又好看又实用呢？"

奇奇跟小机灵商量了一会儿，画了一张图给胖国王："您看这个样子好不好？前面是梯形，作为外宾接待室；中间是正方形，作为国王办公室；后面是圆形，作为会议厅和宴会厅。"

胖国王连连拍手说："这个设计结构新颖，我就要这样的王宫。"说着，他又指了指圆形和方形相接的地方，问，"这办公室跟会议厅怎么连接才好呢？"

小机灵又插嘴说："接在四分之一圆弧长的地方正好，这样就不会像串糖葫芦了。"

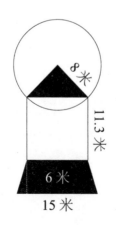

建筑部长皱起眉头，对胖国王说："国王，您得好好想想再做决定，盖房子可不是件容易的事儿，这么复杂的图形，怎么计算它的占地面积呀！"

胖国王一听，觉得也对，他马上问奇奇："奇奇博士，你能把它的面积算出来吗？"

奇奇毫不迟疑地回答："这好算，它是由三个部分组成的，我只要把三个部分的面积求出来，然后加在一起就算出来了。后面这个圆形会议厅的半径是 8 米，这样，它占地的面积就是……"说着，他在地上写了一个公式：

$$圆形的面积 = 3.14 \times 半径^2$$

$$= 3.14 \times 8^2$$

$$= 200.96（平方米）$$

奇奇正准备继续算下去，建筑部长戴起老花镜看了又看，他打断奇奇的计算，指着图纸问："奇奇博士，这个建筑的面积是一个圆吗？它比圆还差一块呢！"

奇奇一看，傻眼了——可不，刚才为了好看，把王宫的方形办公室接在圆形会议厅上了，所以这圆形会议厅的

面积就不是一个完整的圆，也就不能按求圆形的面积公式
去计算了。这块面积怎么算才好呢？奇奇正着急，只见小
机灵在地上悄悄写了一个"分"字。

奇奇猛地醒悟过来，对建筑部长说："别急，我把
它分开来计算。"说着，他将这个少了一块的圆分成一
个三角形和一个扇形，"我先求三角形的面积，再求扇
形的面积……"

"这个三角形的面积怎么求哇？"建筑部长问。

"它是一个直角三角形。"奇奇指着三角形的顶角，"它的面积为：$8×8÷2=32$（平方米）。"

建筑部长一点儿也不放松，紧追着问："奇奇博士，你能肯定它是一个直角三角形吗？"

小机灵忍不住了，说："这条斜边，本来就是取的圆周长的$\frac{1}{4}$所对的弦嘛，一个圆周角是360°，取它的$\frac{1}{4}$，它的圆心角不正好是90°吗？"

建筑部长无话可说，只得说："那剩下的这一块大扇形，你也不好算哪！"

奇奇说："求扇形面积有公式……"话还没说完，奇奇发现小机灵冲他直挤眼睛，马上改口说，"其实也不必查公式，剩下的那块大扇形，就是圆形面积的$\frac{3}{4}$。"奇奇将已经求出的圆形面积200.96平方米乘以$\frac{3}{4}$，得数是150.72平方米。

建筑部长见几个问题都没有难倒奇奇，有些气馁。奇奇却信心越来越足，边说边算："现在我量出来这个直角三角形斜边的长是11.3米，因此，正方形办公室的面积就是：$11.3×11.3=127.69$（平方米）；前面梯形的下底是15米，建筑面积是：（上底＋下底）×高÷$2=(11.3+15)×6÷2=78.9$（平方米）；新王宫的占地面积是：$32 + 150.72 + 127.69 + 78.9 = 389.31$（平方米）。"

胖国王一看，对建筑部长说："新王宫的占地面积和原来差不多大，我看就定下来吧。"

建筑部长勉强地点了点头，重建王宫的方案总算突破了老一套的建筑模式。奇奇和小机灵正为此感到高兴，突然，建筑部长咕咚一声倒在地上。

胖国王以为建筑部长不同意这个方案，气得晕过去了，急忙说："建筑部长，你要是不同意，咱们再商量。"奇怪的是，紧接着又有几位部长倒在地上不省人事，这是怎么啦？

知识点 解析

组合图形面积

我们会算规则的长方形、正方形、平行四边形、三角形、圆等平面图形的面积，但我们也常会遇到一些比较特殊、不能利用公式直接求出面积的图形，这就要我们利用"割补""平移""旋转"等方法，把特殊的图形转化为已学过的平面图形，从而求出面积。

考考你

建筑部长准备在房子的屋顶做一个太阳能发电板，太阳能发电板是一个等腰直角三角形，直角边长1米，太阳能面板能围绕 C 点左右旋转。这块太阳能面板从最左边旋转到最右边，AB 边在旋转时扫过的面积是多少平方米？

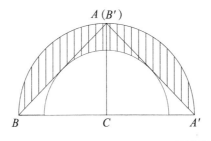

抢救几位部长

建筑部长等几位官员倒在地上不省人事，急坏了奇奇、小机灵和胖国王。

小机灵急忙从口袋里掏出万能通话机，和医学科学院的刘教授取得了联系。刘教授说："请你们尽快送一个病人过来诊断一下。"

胖国王准备让奇奇、小机灵和公安部长护送老建筑部长去医学科学院。胖国王说："我们有大、小两辆救护车。大救护车的车轱辘直径是 1 米，每秒钟最多转 6 圈；小救护车的车轱辘直径是 0.5 米，每秒钟最多转 12 圈。奇奇，你看乘哪辆车去更快一些呢？"

奇奇说："乘小救护车吧，它的轱辘转得快，跑得一定快。"

小机灵摇摇头说："我看车轱辘大的跑得才快呢，应该乘大救护车去。"

胖国王说："还是算算吧，看看到底哪辆车跑得快。"

奇奇说："我来算小救护车的速度。小救护车的车轱

辘一秒钟最多转 12 圈，每转一圈所走的路程，等于车轱辘的周长。小救护车一秒钟所跑的路程是：12×3.14×小车轱辘的直径 = 12×3.14×0.5 = 18.84（米）。"

小机灵说："那大救护车的车轱辘一秒钟转 6 圈，大救护车一秒钟所跑的路程是：6×3.14×大车轱辘的直径= 6×3.14×1 = 18.84（米）。"

胖国王说："算了半天，两辆救护车的速度原来是一样的。那就随便开一辆，马上走吧。"

大家七手八脚地把建筑部长抬上了救护车，公安部长把车子开走了。当车子开到离山脚还有 600 米远的地方时，公安部长忽然把车子刹住了。

奇奇不解地问道："发生什么事了？"

公安部长指着山顶上的一块巨石说："你看，这块巨石受地震影响，底部已经松动了，我们的车路过山脚下，万一巨石滚落下来，后果不堪设想。"

奇奇见躺在车里的建筑部长病情严重，着急地说："可我们也不能总停在这儿不走呀，怎么办呢？"

公安部长说："如果勉强开过去，万一开到半路，山上的巨石滚了下来，把救护车砸坏了怎么办？"

奇奇想：走也不好，停也不好。现在只有一个办法，就是假设遇到最危急的情况，车子刚刚开动，而石头也正好在这个时候往下滚动，如果能够知道汽车通过这 600 米距离的时间和石头滚到公路上的时间各是多少，就可以决定是不是有把握安全通过了。

公安部长知道奇奇的想法后，说："解决这个问题比较容易。为了防止山石滚下来有可能砸车伤人，我们曾经对山石滚下来的时间进行过调查。"

奇奇惊喜地说："这个调查太重要了，山石滚到公路上来的时间是多少呢？"

公安部长说："根据调查，一块大石头从山上滚到山脚下的时间大约需要 1 分钟。"

奇奇点头说："好。刚才我们已经算出来了，救护车的速度是每秒钟18.84米，跑过600米的距离需要600÷18.84=31.85（秒），而石头滚下来需要1分钟。这就是说，石头滚下来是不可能砸到救护车的。公安部长，你就放心开吧，没问题。"公安部长答应了一声，救护车继续前进。

不好！由于救护车发动机的震动，山上的巨石开始往下滚落。巨石带着碎石和震耳欲聋的响声，从山顶上往下越滚越快。公安部长全神贯注，紧紧握住方向盘，沉住气一个劲儿地往前开，30多秒钟以后，救护车终于冲过了危险区。当救护车又往前开出大约500米远的时候，只听得背后轰隆一声响，巨石砸在公路上，一块飞起的碎石落到救护车后窗玻璃上，玻璃被砸碎了。好险哪！救护车总算绕过了高山，开进了草原。

奇奇看着美丽的草原，高兴地说："总算脱离危险了。"

公安部长说："你可别高兴得太早了，草原上的野兽多极了，而且有些野兽专追汽车……"他的话还没讲完，只听见一阵可怕的吼叫声，原来是一群狮子正朝救护车追来。

奇奇吓得忙问："公安部长，狮子追来了，这可怎么办？"

公安部长说："怕什么？咱们坐在车子里面，狮子伤不着咱们！"

奇奇说："你忘了吗？刚才巨石把救护车的后窗玻璃给砸破了。"

公安部长说："不要怕，只要救护车开出草原，狮子就追不上了。这儿离草原的边界大约还有20千米，狮子每秒钟能跑20米。你快算算，在我们离开草原之前，狮子能不能追上咱们？"

奇奇开始了紧张的运算：20 千米 = 20000 米，救护车每秒跑 18.84 米，它跑 20000 米的路程所需要的时间是：

$$20000 ÷ 18.84 = 1062（秒）= 17（分）42（秒）$$

狮子每秒跑 20 米，它跑完 20000 米的路程所需要的时间是：

$$20000 ÷ 20 = 1000（秒）= 16（分）40（秒）$$

算到这里，奇奇神情有点儿紧张，他对公安部长说：

"狮子跑完这段距离需要的时间比救护车少1分零2秒，这就是说，在我们开出草原之前，狮子有可能追上咱们。"

小机灵是个精灵，并不怕狮子，他冷静地提醒说："奇奇，狮子离咱们还有1000米，你算上了吗？"

"哎哟！我忘了加上这1000米了。"奇奇感到有了希望，忙又开始了一系列紧张的运算：

狮子跑完1000米需要的时间=1000÷20=50（秒）

奇奇比较了一下时间，又说："50秒比1分零2秒要少12秒，还是狮子比救护车先跑完这段距离，它肯定能追上咱们。"

听奇奇这么说，公安部长也有点儿沉不住气了，他急忙问："奇奇，你倒是赶紧再算算，狮子将在多少时间以后追上咱们，也好有个准备。"

奇奇计算："现在狮子比救护车落后1000米，狮子每秒钟跑的路程比救护车多20－18.84＝1.16（米），它需要多少时间能追上咱们呢？1000÷1.16＝862（秒）＝14（分）22（秒），哟，只要再过14分22秒，狮子就追上咱们了！"

还是公安部长有经验，他吩咐小机灵说："快拿出你的小手枪，盯住追来的狮子。"说着又递给奇奇一根铁棒，

"奇奇,你拿着这个武器,以防万一。我集中全部注意力开好救护车。"

救护车飞快地在草原上奔驰,狮子也紧追不舍。只见狮子离汽车越来越近,奇奇连狮子圆瞪的眼睛都看清楚了。突然,这头雄狮扑了上来……就在这千钧一发的危急时刻,一阵猛烈的机枪扫射了过来,狮子狼狈地逃跑了。

原来是医学科学院的几名大夫,怕奇奇他们路上遇到危险,用直升机来接他们了。

经过刘教授的治疗,老建筑部长的病很快就好了。刘教授又给矮人国的其他患者带了一批药品,他们回到矮人国,继续商量重建敦实城的工作。

奇奇问胖国王:"重建敦实城需要一大笔钱,上哪里筹备呢?"

"钱倒是有,可是我说不准它到底在哪儿。"胖国王并没把奇奇当外人。

"这是怎么回事?自己的钱在哪儿能不知道?"奇奇感到十分不解。

胖国王从内衣口袋里掏出一个被包得严严实实的纸包,打开一层又一层的包装纸,最后拿出来一张已经发黄的破旧纸片,十分小心地递给奇奇,说:"奇奇博士,你看看这个,就能明白我说的意思了。"奇奇接过来一看,非但没有弄明白，反而更糊涂了。

知识点 解 析

追及问题

　　故事中的问题是行程问题中的追及问题，狮子比救护车落后 1000 米是路程差，路程差是指在相同时间内，速度快的比速度慢的多走的路程，速度差是单位时间内，速度快的与速度慢的路程差，追及时间是从出发到追上所经历的时间。

　　追及问题基本的数量关系式是：

$$速度差 \times 追及时间 = 追及路程$$
$$追及路程 \div 追及时间 = 速度差$$
$$追及路程 \div 速度差 = 追及时间$$

考考你

　　奇奇和小机灵经过这件事，知道了跑得快是一项不错的本领，于是两人练习跑步，奇奇让小机灵先跑 40 米，则奇奇跑 20 秒可以追上小机灵；要是奇奇让小机灵先跑 6 秒钟，则奇奇跑 9 秒钟就能追上小机灵。请问奇奇和小机灵两人的速度各是多少？

千洞山上寻宝

奇奇拿起纸条一看，只见上面写着：

　　宝物藏□一棵□榆□下。出□宫南门，往南走3□6米，看到一个土堆，再□南走□8□米，总共往南走9□□米远，就到了大□树下了。九

个数字，是九大将之名。

奇奇用疑惑的目光望着胖国王，那意思是说："国王，您给我的这张纸条是什么意思呢？"

胖国王解释说："前任国王生前为了防备长人国的进犯，把矮人国的全部财宝都藏在一个非常隐蔽的地方。这张纸条是他在临终前交给我的，他说这张纸条上面标有藏宝的位置，叫我不到急需的时候不许动用。"

奇奇问："这么宝贵的纸条，怎么破成这样啦？"

"唉！"胖国王叹了一口气，说，"我怕把这张纸条丢了，成天放在贴身的内衣口袋里，谁料想被汗水浸成这个样子，现在连字都看不齐全了，可怎么办呢？"

小机灵忙安慰胖国王说："您别着急，咱们一起研究研究，也许能看出点儿门道。"

奇奇也说："对，咱们研究一下！这纸条上有些是文字，可以根据上下文琢磨出来，里面还缺了些数字，那也可以算一算，就是最后一句话不好懂。"

胖国王说："这句话我倒懂。从前，王宫里有九员大将，他们作战勇敢，立过大功，前任国王尊敬他们，特地用 1 到 9 这九个数字为他们命名。这说明，纸条里的九个数字，就是 1 到 9。"

小机灵说："那就好办了。纸条上写得明白，出王宫南门，向南走九百多米，就找到埋宝藏的大榆树了。奇奇，你列个算式，咱们算算要走九百几十几米。"

奇奇立刻在地上写了一个算式：

$$
\begin{array}{r}
3\ \square\ 6 \\
+\ \square\ 8\ \square \\
\hline
9\ \square\ \square
\end{array}
$$

老建筑部长挤上前一看，立刻说："这好算，百位数上肯定是 3 加 6……"

公安部长没等他说完，急忙打断说："刚才国王已经解释说九大将的名字就是算式里的九个数字，九个大将有九个不同的名字，也就是说，每个数字只能出现一次。这个算式已经有一个 6 了，怎么会是 3 加 6 呢？"

奇奇立刻反应过来："百位数上肯定是 3 加 5，再从十位数上进 1，加起来正好等于 9。"

胖国王说："百位数上填 5 是对的，现在还剩下 1，2，4，7 这四个数，该往哪儿填呢？"

老建筑部长又说："要是把 7 填在个位数上，$6+7=13$……"

话音没落，公安部长抢着说："这也不对！已经有一个 3 了。"

老建筑部长瞪了他一眼，说："我还没说完呢！$6+7=13$，不行；$6+4=10$，九个数字中没有 0，也不行；$6+2=8$，8 已经有了，也不行……"

还没等他说完，这边奇奇已经算出了答案：

$$
\begin{array}{r}
346 \\
+\ 581 \\
\hline
927
\end{array}
$$

奇奇举着自己的答案高声说："我算出来的结果是这样，请大家看看对不对。"

大家一看，纷纷点头，都说别看奇奇年龄小，算起数学题来却又快又对，一点儿不含糊。

胖国王心里一块石头这才落了地，他眉开眼笑地对几位部长说："前任国王留下的藏宝地点总算算出来了，咱们去挖财宝吧！"胖国王立刻带领大家向正南方向走去。

走到346米处，他们果然看到一个土堆，又向南走了581米，那里正好有一棵大榆树。大家动手挖了足有1米多深，却只挖出了一个小铁盒子。

胖国王看了看这个小铁盒子，心里直犯嘀咕，说："这么个小盒子能装多少财宝呀？"打开铁盒一看，大家都愣住了。原来里面根本没有什么财宝，只装了一把钥匙和一张纸条。纸条上写道：

财宝藏在千洞山的一个山洞里。沿着南面山路上山，一边上山，一边数山洞，数到第 ABC 个山洞就用这把钥匙开门。A 是最小的质数，B 是最小的合数，C 是最大的个位数。

胖国王摸着脑袋说："千洞山我很熟悉，可什么是质数？最小的质数是几呢？"

奇奇说："质数也叫素数，它是只能被 1 和本身整除的正整数。最小的质数是 1。"

"那就是说，A 代表的是 1。那什么是合数？最小的合数是几呢？"建筑部长问道。

小机灵说："正整数中去掉质数，剩下的就是合数了呗！"

胖国王说："这么说，合数就应该是这样的正整数了——它除了能被 1 和本身整除，还能被其他正整数整除。"

奇奇点点头说："对！1，2，3 都是质数，最小的合数是 4，4 能被 1，2，4 整除。因此 B 代表 4。"

胖国王看见奇奇反应迅速，机智灵敏，问题解决得十分顺利，心里有说不出的高兴。他拍着手说："好，ABC 三个数字当中，我们已经知道了 A 和 B 代表的数字，现在就只差 C 了。C 是最大的个位数——哦，这我知道，最大的个位数就是 9 呀！"

建筑部长这时也不再糊涂了，他抢先说："现在我们可以肯定地说，前任国王的财宝，就藏在千洞山的第 149 个山洞里面，是不是呀？"

公安部长白了他一眼，心里想：这又不是你算出来的，抢什么头功？

胖国王可没有注意到这些，兴致勃勃地带领大家直奔千洞山的第 149 个山洞。

这时，一名士兵过来，凑在公安部长耳边悄悄说了几句话，公安部长便抽身离开了。

好高的千洞山呀！山上布满了大大小小的山洞，大家沿着南面的山路上山，一边走，一边数，数到第 149 个山洞的时候，胖国王赶快掏出钥匙准备开门，谁知大家进了山洞一看，都不禁惊呼起来，山洞里空无一物，哪有什么财宝呀？

奇奇忙问："这到底是怎么回事？是不是前任国王骗我们？"

"不会的！"胖国王肯定地说，"我们矮人国一向诚实，前任国王更是一个十分诚实的人。是不是我们自己把数字算错了？"

大家低头琢磨着："错在哪儿呢？"

突然间，奇奇意识到自己的错误，满是歉意地说："咳！1不是质数。都怪我数学基本概念掌握得不好。"

"为什么？"大家不约而同地问。

"老师曾经把质数比喻为组成合数的'砖'和'瓦'。任何一个合数都可以用几个质数的乘积来表示。如果不考虑乘数的先后次序，那么，这个表示方式是唯一的，这是一条算术基本定理。比如$6 = 2 \times 3$，$9 = 3 \times 3$。如果把 1 算成质数，那么 6 也可以写作 $2 \times 3 \times 1$ 或 $2 \times 3 \times 1 \times 1$，这样一来 $6 = 2 \times 3$ 就不是唯一的表示方式了，重要的算术基本定理就会被破坏。所以，数学上规定 1 既不是质数也不是合数，是一个特殊的正整数。"

小机灵也说："奇奇说得对，最小的质数应该是 2，ABC 应该是 249，咱们还差 100 个山洞呢。"

得知刚才是虚惊一场，胖国王又来了精神，像啦啦队长一样鼓励他的部长们说："各位部长，辛苦点儿，咱们接着爬吧！"

爬到第 249 个洞，大家又停住了脚步。胖国王钻进洞内，果然看到一个小门。他用钥匙打开小门。呵！里面果真有许多装满金银财宝的箱子。胖国王兴奋地说："各位部长，这些财宝用来建筑敦实城是足够了。不过，咱们还是应该节约使用。"

部长们都很同意胖国王所说的。正当大家兴高采烈地谈论这批宝物的时候，公安部长跌跌撞撞地跑了进来，一头栽倒在地上，胳膊上直往下流血，他只说了一句"不好了，长……"就晕过去了。

知识点 解析

质数与合数

故事中涉及的知识点是质数与合数。

一个数如果只有1和它本身两个因数，那么这样的数叫作质数（或素数），如2、3、5、7都是质数。2是最小的质数。

一个数如果除了1和它本身还有别的因数，那么这样的数叫作合数，如4、6、15、49都是合数。4是最小的合数。

1既不是质数，也不是合数。

考考你

胖国王找到了一只宝箱，宝箱上面有4个凹槽，凹槽里面镶嵌着4颗不同颜色的宝石，分别是红宝石、黄宝石、蓝宝石、绿宝石，凹槽下面还有一个四位数的密码拨数器，旁边写着：红、黄、蓝、绿分别代表4个不同的质数，红＋黄＋蓝＝绿，宝箱的密码是红、黄、蓝、绿乘积的最小值。你能帮胖国王算出密码吗？

周密布置防守线

经过卫生部长紧急抢救，公安部长渐渐地苏醒过来，他喘着粗气向胖国王报告："不好了，长人国的瘦皇帝得到了咱们正在寻找财宝的情报，派遣突击队偷袭敦实城来了。由于敦实城的防御工事在地震时都被震塌了，我只得带领一部分士兵跟他们展开巷战。长人国突击队的火力太强，我们边战边退，到了这里。请您火速发兵，击退前来侵犯的敌人。"

胖国王一听长人国又来进犯，勃然大怒："好一个瘦皇帝，在我们地震受灾的时候，又来抢夺宝物。乘人之危，实在可恶！"他一挥手，果断地说，"准备反击！"

大家刚刚跑下千洞山，一名士兵迎面跑来向胖国王报告："长人国突击队已经撤走，这是他们留给您的一封信。"

胖国王拆开信一看，只见上面写道：

矮人国胖国王：

　　瘦皇帝派我们到贵国取财宝，谁知扑了个空。

请你把财宝准备好，改日我们再来取。

顺致

敬意

长人国取宝突击队

胖国王看完这封信，心里不由得打起鼓来，他对部长们说："我们应该怎样对付他们呢？"

公安部长说："依我看，您必须派兵守卫敦实城。"

"对！"胖国王点头同意，"我命令，A、B两个军团，沿敦实城旧城墙设防，每个军团值勤12小时，昼夜守卫，不得有误。"

老建筑部长建议说："国王，宝物先别运回敦实城，暂时存放在千洞山上，关于宝物的贮藏地点，要注意保密，还要派兵守卫千洞山。"

"对！"胖国王同意道，"千洞山南面是大海，山势陡峭，无路可上，用不着防守。我看，这守卫千洞山的任务，可交给公安部长。"

公安部长赶紧请示说："国王，您认为我应该怎样设防才好呢？"

"你们就在北面沿着千洞山的山脚，设一道半圆形的防线。防守要严密，每隔10米就派一名士兵守卫。"

公安部长又请示："您看要带多少名士兵呢？"

胖国王打开军事地图说："地图上标明千洞山的直径是280米，你只要算出这个半圆的弧长有多少就行了。"

公安部长还在请示："这个半圆的弧长又是多少呀？"

胖国王一向脾气较好，但此刻也受不了啦！他眼睛一瞪："这也问我，自己算去！"

公安部长辩解说："我是公安部长，只会用兵，不会数学，不给我算好了，我怎么派兵啊？"

胖国王没法，只得说："找奇奇博士去，数学上的事全归他管！"

奇奇听见了忙说："你们别争啦！现在哪有时间抬杠？咱们快算。这千洞山的直径是280米，半径就是140米。半圆的弧长 = π × 半径 = 3.1416 × 140……"

奇奇正要接着往下算，小机灵在一边出主意说："奇奇，这个算式里的圆周率是小数，计算起来太麻烦了，还不如用分数计算呢！"

胖国王听了，好奇地问："什么？圆周率还有分数？我怎么没听说过？"

奇奇自豪地说："这个分数是我们中国古代著名数学家祖冲之最先算出来的呀。当时，他算出圆周率可以用 $\frac{22}{7}$ 或 $\frac{355}{113}$ 来进行计算，后面的这个数值在 3.1415926 与

3.1415927 之间。咱们就用分数 $\frac{22}{7}$ 来计算吧！"说着，奇奇在地上算了起来：

$$\frac{22}{7} \times 140 = 440 \text{（米）}$$

胖国王点点头说："用 $\frac{22}{7}$ 来代替 3.1416 确实省劲儿多了。"

小机灵接着往下算："半圆弧长是 440 米。每隔 10 米站一名士兵，那么440÷10＝44，一共需要44名士兵。"

公安部长得到这个数字，答应了一声，火速赶下山派兵去了。

没过一会儿，公安部长又满头大汗地跑了回来，向胖国王报告说："算错了！我按照您的指示，每隔10米站1名士兵，44名士兵怎么也不够呀！"

"缺几个人？"胖国王问。

"缺1个。"公安部长回答。

奇奇听了之后，心想：这毛病出在哪儿呢？他又检查了小机灵的算法，恍然大悟："小机灵，你忘了，440除以10得44，就是说一共有44个空当。因为半圆弧的两个端点是一边要有一个把头的，这样44个空当需要44＋1＝45（名）士兵，才能把这条防线站满。"

小机灵听后，十分不好意思，连连道歉说："原来这和植树问题一样，将距离除以间隔以后，得数要加1才对。公安部长，我算得不准确，耽误你的军机大事了。"

公安部长尴尬地说："还好，还好，别的地方都守卫好了，只差一个人，补齐就行了。"

公安部长刚走，A司令又走上前来说："请国王指示，我们A军团去守卫敦实城，相邻两个士兵的距离要多远才合适？"

　　胖国王心里盘算着：敦实城是一座边长 900 米的正方形城市，周长是 4×900=3600（米）。哈，真巧！A 军团有 91 名士兵，3600 米的城墙，隔 40 米站一名士兵，恰好是 90 个空当，90 名士兵再加 1 名，正好 91 名！

　　胖国王算定，马上对 A 司令说："你快去，相隔 40 米有一名士兵布防，你那儿是 91 名士兵，不多不少，正好！"

　　A 司令刚要走，奇奇叫住他："慢！"奇奇又转过身来对胖国王说："国王，您算错了。90 个空当只要 90 名士兵。"

　　胖国王惊讶地说："奇奇，你怎么犯糊涂了？你忘了，刚才给千洞山山脚布防，你还说，算出空当以后要给这个数字加1，派出去的士兵才能正好站满。我可给加上1啦！"

小机灵听了直乐，奇奇也忍住笑说："国王，这次您可缺少一点儿分析了。守卫敦实城和守卫千洞山是两个不同的问题。守卫千洞山，是沿着一条不闭合的线设防，一条不闭合的线有两个端点，每一个端点要有一名士兵。因此，知道了总长度和空当的长度，求士兵人数时，应该是：士兵数 = 总长度÷空当长＋1；当知道总长度和士兵数，求空当长度时，应该是：空当长 = 总长度÷（士兵数－1）。"

"防守敦实城又有什么不同呢？"胖国王问。

奇奇接着说："敦实城是个正方形，它是一条闭合的线，两头接起来了。当沿着闭合线布岗时，士兵数 = 总长度÷空当长；空当长 = 总长度÷士兵数。"

胖国王摇了摇头，不吱声，奇奇知道国王其实还不怎么明白。

奇奇边画边说："举个例子您就明白了。比如，8个人沿7米长的直线站岗，每隔1米站一人，只有7个空当；而8个人沿周长8米的方形站岗，却有8个空当。"

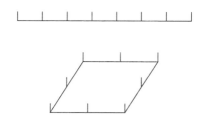

　　胖国王这下可算理解了："我明白了。闭合线等于把不闭合线的两头接了起来，这一接可就省出一个把头的士兵了。好，多出来的那个士兵，就给 A 司令当通信员吧！"

　　刚把 A 司令打发走，又走来 B 军团的大胡子司令，他报告说："国王，我们 B 军团人多，共有 140 名士兵，就是按每隔 36 米站一名，守卫整个敦实城才要3600÷36＝100（名）士兵，剩下 40 名士兵干什么呢？"

　　胖国王思索了一会儿，说："这样吧，地震把敦实城内的通信设备都震坏了，长人国偷袭时最可能从北门进来。我在敦实城中心坐镇指挥。城宽 900 米，从城中心到北门

的距离是 450 米，B 军团余下的 40 名士兵，从城中心到北门每隔 11 米站一名士兵，万一有什么紧急情况，我好通过这 40 名士兵，口头传达命令给守城的官兵。"

小机灵发现了问题："40 名士兵沿直线每隔 11 米站一个，只能站 11×（40－1）＝429（米），余下的 21 米谁来站？"

胖国王说："我是这样算的，最后一名士兵既算守北门的，又算传达口令的。一兵两用，这就相当于有 41 名士兵了吧？"

奇奇又说："那也不够！还差 10 米呢。"

胖国王说："这也不要紧，我是国王，也是士兵，我在这一头站岗不就成了吗？"

大家听了，连连为聪明的胖国王鼓掌。

掌声未落，C 司令匆匆跑过来，报告说："国王，我们 C 军团怎么安排呀？"

胖国王说："C 军团我早有安排。你们回去待命吧！"

正说着，阵阵枪炮声从敦实城方向传来，胖国王喊了一声："快！做好战斗准备！"

知识点 **解 析**

植树问题

故事中的问题是封闭型的植树问题。在封闭的线路（如正方形、长方形、圆等）上植树，因为头尾两端重合在一起，所以植树的棵树就等于可分的段数，即：棵树＝段数。

植树问题中，总长度、段数、棵距之间的关系是：

总长度＝棵距×段数

棵　距＝总长度÷段数

段　数＝总长度÷棵距

考考你

A军团在圆形城墙周围等距离安排了20名士兵，胖国王觉得兵力安排得太薄弱，又在原来每2名士兵之间插入了3名士兵，这样，每相邻两名士兵之间相隔3米。请问现在城墙周围一共有多少名士兵？该城墙的周长是多少米？

切实加强兵力

一阵炮轰之后，长人国军队分三路开始进攻敦实城。胖国王用望远镜朝四周一看，只见一队穿着红色军服的士兵正进攻北门，一队穿着黄色军服的士兵对东门发起了进攻，另一队穿绿色军服的士兵已接近西门，唯独南门没有动静。

一场激烈的战斗打响了，守城的矮人国士兵作战非常英勇，在城里居民的配合下，将东、西、北三面的敌人全部击退了。

胖国王对司令们说："为什么南门一直没有动静呢？我认为这里面必定有诈。因此我们必须摸清长人国军队的动向。C司令听令：在你的军团中挑选20名精明强干的士兵，组成四支侦察小分队，去弄清长人国的兵力部署，不得有误。"

C司令答应一声"是"，跑步挑选士兵去了。

不一会儿，第一侦察小分队跑回来报告，已经初步调查清楚,这次长人国发起进攻的军队是由瘦皇帝亲自率领、统一指挥的。全军共分红、黄、绿、黑四个分队。

胖国王忙问："总兵力共有多少？"

侦察员回答："正在侦察之中。"

胖国王下令："继续侦察。"

第一侦察小分队刚走，第二侦察小分队押着一个俘虏前来报告，这个家伙不仅个儿长得高，而且很胖。

胖国王问："这个家伙是谁？"

"他是瘦皇帝的厨师。"

胖国王又问："他知道瘦皇帝的兵力部署吗？"

士兵报告："已经审问过了，他说他是专管做饭的，不知道瘦皇帝的兵力部署。但是他从口粮分配上知道：红衣分队的士兵数占总士兵数的 18%，黄衣分队的士兵数是红衣分队的 $\frac{2}{3}$；绿衣分队的士兵数是红衣分队的 $\frac{3}{2}$；而黑衣分队是特种部队，它的一切都保密。"

胖国王问奇奇："博士，你能算出长人国这四个分队各有多少人吗？"

奇奇摇摇头说："不成。想算出四个分队各有多少人，要么知道总人数，要么知道某个分队的人数。现在什么都不知道，怎么求呀？"

胖国王搓着双手，着急地说："这可怎么办？"正说着，第三侦察小分队押着一个穿红色军服的士兵走了过来。

胖国王高兴极了，决定亲自审问。

胖国王一拍桌子："你快说！你们红衣分队有多少人？如果不说实话，我枪毙了你！"

这名红衣士兵战战兢兢地回答："我……我们红衣分队有 162 名士兵。这……是真话。"由于过度紧张，这名红衣士兵竟晕过去了。胖国王一面派人把他送进医院抢救，一面催促奇奇快算各分队人数。

有了红衣分队士兵的数字，奇奇马上在地上列出式子进行计算：

红衣分队有 162 人

黄衣分队有 $162 \times \dfrac{2}{3} = 108$（人）

绿衣分队有 $162 \times \dfrac{3}{2} = 243$（人）

总人数为 $162 \div 18\% = 162 \times \dfrac{100}{18} = 900$（人）

黑衣分队有 $900 - 162 - 108 - 243 = 387$（人）

胖国王一看这些数字，大吃一惊："黑衣分队有这么多人？博士，你没算错？"

奇奇很有信心地回答："没错！"

小机灵看出胖国王不太相信的神情，接过来说："胖国王，让我用别的方法再算一遍，检查一下答案是不是一致。"

胖国王说："那好。你用什么办法来计算呢？"

小机灵说："我可以先把各分队所占的百分比算出来，再将奇奇求出来的总人数放进去核算。"

胖国王还不太明白小机灵的意思，小机灵已经开始计算起来：

红衣分队占总数的18%

黄衣分队占 $18\% \times \dfrac{2}{3} = 12\%$

绿衣分队占 $18\% \times \dfrac{3}{2} = 27\%$

黑衣分队有 $100\% - 18\% - 12\% - 27\% = 43\%$

如果奇奇求出来的总人数 900 人不错，则：

红衣分队有 $900 \times 18\% = 162$（人）

黄衣分队有 $900 \times 12\% = 108$（人）

绿衣分队有 $900 \times 27\% = 243$（人）

黑衣分队有 $900 \times 43\% = 387$（人）

"胖国王，您看，我用百分比求出来的人数和奇奇算出来的一样，可见奇奇博士算的没错。"

胖国王自言自语地说："占总兵力 43% 的黑衣分队力量可不小哇！瘦皇帝把他们藏到什么地方去了呢？他想干什么呢？"还没有想出什么头绪，只听得枪炮声又起，长人国军队从东、西、北三面开始进攻了。

第四侦察小分队的侦察员从南面跑来报告："在城南芦苇塘中发现芦苇有不正常的晃动，可能有长人国的部队埋伏在里面。"

胖国王立刻判断说："对，一定是黑衣分队！瘦皇帝先把红、绿、黄三队分成三路攻击我们，是想把我们的注意力和部队都集中到东、西、北三面，然后用重兵从南边攻打我们，想趁我们不备，一举攻占敦实城。"

奇奇和小机灵听了，都着急地问："那可怎么办？"

胖国王说："长人国兵多，咱们兵少，硬碰硬是不成的。我们必须组织一支精干的突击纵队，先消灭他的黑衣分队。"

胖国王在心里盘算了一下各军团的实力，然后通过步话机对 C 司令下令："C 军团大鼻子司令听着，我决定将你军团改组成一个突击纵队，火速去消灭长人国的黑衣分队。"

C 司令回答说："国王，恐怕不行吧，我军团有 $\frac{1}{8}$ 的士兵是老弱士兵，他们怎么能参加突击战呢？"

胖国王说："把这 $\frac{1}{8}$ 的老弱士兵抽调出去！"

C 司令更着急了："国王，那更不行，少了 $\frac{1}{8}$ 的士兵，战斗力更弱了。"

胖国王又果断地决定："在剩下的士兵数上，我再给你军团补充 50％ 的强壮士兵，加强你们的力量。"

C 司令又问："那么，这样调整以后，我军团的兵力实际增加了多少呢？"

　　胖国王生气地想：真是笨蛋！又转念一想：这也不能怪C司令，他打仗勇敢，对矮人国忠心，就是算术差一点儿，有什么办法呢？胖国王只得放下步话机，对奇奇说："你赶快给我计算一下，调整以后的C军团的兵力实际增加了多少？"

奇奇摸着脑袋说："先减少$\frac{1}{8}$的老兵，在调走老兵的基础上，再补充50%的新兵，问实际兵力增加了多少。这个问题真绕人，该怎么算呢？"

小机灵在一旁说："奇奇，我看这个问题不难算。减去$\frac{1}{8}$，等于减去12.5%；又增加50%，问增加多少。你由增加的50%中减去减少的12.5%，得50%−12.5%＝37.5%，这37.5%不就是C军团实际增加的兵力吗？"

小机灵虽然说得头头是道，奇奇却紧皱着双眉，一言不发，这情景可是少见。

小机灵催促着说："奇奇，你说我算得对不对呀？"

奇奇摇摇头说："我觉得这样算不对。"

"不对？为什么不对？"

"张老师曾经叮嘱过我们，比较两个数的大小时，单看百分数的大小是不成的，还要看基数的大小。比如从1000人中抽出20%的人，比从100人中抽出80%的人还要多。前一个20%有200人，后一个80%只有80人，这是因为前一个基数是1000，后一个基数是100。基数不同，它的百分数所表示的实际数字也就不一样了呀！"

小机灵不明白，问："你说的这个道理我懂，但这和我的算法有什么关系？"

奇奇说："当然有关系了。我记得 C 军团原来的人数是 112 人。国王先从 C 军团中调出$\frac{1}{8}$，也就是 12.5％ 的老兵，这里的 12.5％，它的基数是 112 人，我们可以算出调出的具体人数是$112 \times \frac{1}{8} = 14$（人）。调走之后，C 军团还剩下多少人呢？"

"还剩下112－14=98（人）。"

"对。国王再给此时的 C 军团增加 50％ 的新兵，这里的 50％，它的基数应该是 98 人，而不是 112 人了。12.5％ 的基数是 112，50％ 的基数是 98，它们的基数不同，你用 50％ 减去 12.5％，把得到的 37.5％ 作为增加的百分比，当然不对了。"

"那你说应该怎样算才对呢？"小机灵认识到自己确实算错了。

奇奇说："要把调走和增加的具体人数先求出来，刚才已算出调走了 14 名老兵，C 军团还剩 98 人，增加的新兵数是98×50％＝49（人）。这增加的 49 名士兵中，应该减去 14 名士兵，补偿调走的人数，所以 C 军团净增的士兵是49－14＝35（人）。这 35 名士兵占 C 军团原人数的35÷112＝0.3125＝31.25%，也就是说，C 军团实际增加了31.25％ 的兵力，而不是 37.5％ 的兵力。"

胖国王点头说："嗯，还是奇奇博士说得对。"于是，他拿起步话机把结果告诉了C司令。刚放下步话机，胖国王又想起一件事，就对奇奇说："我还计划充实一下B军团的兵力。我打算先从B军团调出15%的老兵，再给B军团补充新兵，要增加多少名新兵，才能使B军团的兵力增加30%呢？"

小机灵听了，抢着说："我来算一遍，看看我究竟懂了没有。我也先把具体的人数求出来：已经知道B军团有140人，兵力要增加30%，就是增加140×30%＝42（人）。但是还要从B军团调走15%的老兵，调走的老兵数是140×15%＝21（人），因此，需要补充42＋21＝63（人）才行。"

奇奇说："这次小机灵算对了。"

小机灵听见奇奇夸他，咧开嘴正想笑，却又听见奇奇说："我有一个方法，可以算得简单些。"

小机灵很感兴趣地问："你又有什么好办法呢？"

奇奇说："你想，国王决定从B军团调走15%的老兵，又要求B军团的兵力增加30%，因此，实际上需要补充的兵力的百分比是（15＋30）%＝45%，具体人数是140×45%＝63（人），结果一样。"

小机灵看见奇奇用这样的算法，不由得用疑问的语气说："奇奇，你这次把两个百分数直接相加，不是和我刚才的计算方法一样吗？"

奇奇说："对呀！因为在这里，15％和30％都是对B军团原有的140人来说的，他们都是以140为基数的百分数，也就是说，它们的基数是一样的。基数一样，当然可以直接用百分数来相加或相减了。"

A军团

B军团

C军团

　　小机灵一拍脑袋，说："奇奇，还是你的脑子灵，我的脑袋里面就是缺一根弦，一下子没绕过弯来。"

　　奇奇忙安慰他说："小机灵，其实你很聪明的，只要加强一下审题的能力，就不会出错了。"小机灵愉快地点点头。

　　胖国王得到奇奇算出的结果，拿起步话机，命令 B 军团的大胡子司令按照这个数字，调整和补充 B 军团的兵力。

　　一切准备就绪，胖国王召开紧急军事电话会议，A、B、C 三个军团的司令官都参加。胖国王这样部署道："我决定集中优势兵力先消灭黑衣分队，这是一支最有威胁的敌军。我命令，A 军团负责守卫东、西、北三面，一定要坚守阵地。B 军团和 C 军团组成突击纵队，分东西两路夹击埋伏在芦苇塘的黑衣分队，天一黑就出发。"说到这里，胖国王忽然压低声音说，"要出奇制胜，我们必须……"

知识点 解 析

百分数应用题

故事中的问题所涉及的知识点是百分数应用题。解答分数、百分数应用题时，要弄清单位"1"的量以及与分率之间的对应关系。故事中，先从C军团调走 $\frac{1}{8}$ 的老兵，在调走老兵的基础上，再补充50％的新兵。这两次的单位"1"不一样，也就是基数不一样。单位"1"不一样，它的百分数对应的量也不一样。

考考你

胖国王命令A司令抽调士兵组成一支突击队，后来觉得兵力太弱，决定给该突击队增员10％。部队刚刚出发，胖国王觉得兵力还是太薄弱，接着又增员15％。部队走到一半，大本营遇到敌人偷袭，胖国王命令突击队火速调回20％的士兵。那么现在突击队的士兵人数和原来比有何变化？

火烧埋伏的敌人

天黑下来了，B军团和C军团的士兵背着枪，扛着炮，手里提着汽油桶，在胖国王的带领下，分东西两路，悄悄地向芦苇塘靠拢。

突然，胖国王下令队伍停止前进。他问公安部长："前几年芦苇塘曾经着过一次大火，你知道详细情况吗？"

公安部长从皮包里掏出一个笔记本查了一下，说："那次大火烧了三天，第一天烧了整个芦苇塘的40％，第二天又烧掉第一天烧剩下的50％，第三天又烧掉第二天烧剩下的60％。"

胖国王着急地问："三天把芦苇都烧光了吗？"

公安部长说："没有，最后还剩下24亩芦苇。"

B司令凑过来说："公安部长，你记错了吧？40％＋50％＋60％＝150％，已经大大地超过了100％了，怎么还会剩下24亩呢？"

公安部长一听，瞪圆了眼睛，就要和B司令吵架。

奇奇赶紧过来解释说："这三个百分数的基数不同，是不能相加的。"

B司令还想争一争，胖国王连忙把话接过来说："奇奇博士，还是请你算一算，这个芦苇塘的面积总共有多大？"

小机灵挠了挠头："由于烧剩下的亩数是知道的，这个芦苇塘的总面积应该是能算出来的。可是，怎样才能用它把总面积算出来呢？"

奇奇想了一下，说："关键是需要求出那剩下的 24 亩芦苇，占整个芦苇塘的百分比是多少。"

胖国王赞同地说："对，有了这个百分比，用 24 除以这个百分比，就能得到芦苇塘的面积了。可是，这个百分比又怎么求呢？"

奇奇说："我想应该从最初的 40％入手，一层一层地往下推。你看，第一天烧掉了芦苇塘的 40％，还剩下 60％；第二天烧掉第一天剩下的 50％，相当于烧掉整个芦苇塘的 $60\% \times 50\% = 0.6 \times 0.5 = 0.3 = 30\%$。这样，两天里共烧掉了芦苇塘面积的 $40\% \times 30\% = 70\%$；还剩下 30％……"

小机灵见奇奇算到这里，心中豁然开朗，接下去说："下面怎么算，我全明白啦！国王，您看，第三天又烧掉剩下的 60％，相当于芦苇塘的 $30\% \times 60\% = 0.3 \times 0.6 = 0.18 = 18\%$。这样，三天里共烧掉芦苇塘的 $40\% + 30\% + 18\% = 88\%$，最后剩下的是 $100\% - 88\% = 12\%$。"

胖国王也豁然开朗，兴致勃勃地插上一句："好了！有了这个 12％，就可以求出芦苇塘的总面积为 $24 \div 12\% = 200$（亩）。"

B 司令看到这里，不由得暗暗惭愧。公安部长本想挤对他几句，但一想此时不便吵架，就没再与 B 司令争执。

胖国王更是因为军事情况紧急，顾不得去理会他们的小心眼儿，他放低了声音说："咱们从芦苇塘的南北两面点火。芦苇塘南北一起着火，黑衣分队必然从东西两个方向往外逃。我命令，公安部长负责点火，B军团把住东头，C军团把住西头，要尽量捉活的。"

好在公安部长与B司令都能服从大局，知道当前还是打退长人国的进攻要紧，大家接到命令，就马上分头行

动去了。

不一会儿，芦苇塘的南北两面燃起了大火，火苗蹿起三米多高，芦苇烧得啪啪乱响。矮人国的士兵一面往芦苇上倒汽油，一面高喊："冲呀！杀呀！捉活的呀！"

埋伏在芦苇塘里的黑衣分队，原本以为自己隐藏在这儿神不知鬼不觉的，谁知芦苇塘忽然起火，又来了许多矮人国的士兵，一下子就乱了套。$\frac{2}{3}$ 的士兵朝东面跑，$\frac{1}{3}$ 的士兵朝西面跑，结果全中了胖国王的埋伏，不少人在突围中被活捉，只有一小部分人侥幸逃出了芦苇塘。

B 司令押着 129 名俘虏来向胖国王请头功，C 司令押着 86 名俘虏也来争头功。

B 司令得意扬扬地说："我们活捉了 129 名俘虏，他们才捉了 86 名俘虏，头功当然应该是我们的了。"

胖国王点点头说："对！"

C 司令脸涨得通红，说："不对！黑衣分队的士兵有 $\frac{2}{3}$ 朝他们那头跑，只有 $\frac{1}{3}$ 朝我们这头跑，当然他们捉俘虏的机会多了。我认为谁捉的俘虏所占的百分比高，就应该评谁的头功。"

胖国王又点点头说："也对！"

B 司令冲着 C 司令傲慢地说："你就知道你们捉到

的俘虏的百分比，肯定比我们的高吗？"

"不信，咱们请奇奇博士给算算呀！"

奇奇推辞不掉，只好算一算："通过审问，知道黑衣分队共有 387 人，往东面逃的士兵有$387×\frac{2}{3}=258$（人），活捉了 129 人，占$129÷258=0.5=50\%$；往西面逃的士兵有$387×\frac{1}{3}=129$（人），活捉了 86 人，占$86÷129≈0.67=67\%$。"

C 司令高兴地说："怎么样？还是我们捉的百分比高

吧？头功是我们的！"

B司令还要分辩，胖国王一摆手，说："刚刚打完第一仗，还没把长人国军队击退，现在不是争功邀赏的时候。我命令，B军团向城东出击，C军团向城西出击，与守城的A军团里应外合，消灭黄衣分队和绿衣分队。最后A、B、C三个军团共同进军城北，一举歼灭红衣分队，活捉瘦皇帝！立刻出发！"

B司令和C司令立刻停止争论，各自整理好自己的队伍。在朦胧的夜色中，B军团和C军团兵分两路，像两支离弦的箭，向东西两个方向奔去。

霎时间，敦实城的东西两面，杀声、喊声、枪炮声响成一片，一场激烈的战斗开始了。

胖国王带着奇奇和小机灵，先来到城东督战。只见黄衣分队排成一个三角形队列，士兵们平端着枪，枪口上好了刺刀，在有节奏的战鼓声中，迈着整齐的步伐，向B军团冲来。

B司令跑过来，请示胖国王用什么打法。胖国王问："这个三角形队列有多少人？"

B司令说："这个……我去一个一个数数。"

胖国王一拍大腿，说："给我回来！一个一个数，那还来得及？等你数完了，敌人也攻上来了。"

B司令无可奈何地说："那怎么办?"

奇奇说："这样吧,你数一数这个三角形队列有多少行,我能很快地算出一共有多少人。"

"真的?"B司令拿起望远镜一边看,一边报数,"1,2,3,4……13。一共13行。"

奇奇立刻说："这个三角形队列一共有91人。"

胖国王和B司令惊讶地问:"你怎么算得这么快?"

奇奇说:"你们注意到了吗?黄衣分队的三角形队列有个特点:第一排有1个人,第二排有2个人,第三排有3个人,依此类推,第十三排有13个人。"

胖国王点头说:"不错,是这么回事。往下怎么算呢?"

"第一行与第十三行相加得14人,第二行与第十二行相加也得14人……这样一头一尾两两相加,共得出6个14再加7,也就是$6 \times 14 + 7 = 91$(人)。"

一向骄傲的B司令这会儿也佩服地说:"奇奇,你这个方法比我一个一个地去数快多了。国王,我准备把B军团的140人分作两队,每队70人,猛攻三角形队列的两腰,打散他们的队形。只要队形一散,敌军就不堪一击了。你看怎么样?"

"好!"胖国王说,"好主意,就这么干!不过,根

据刚才收到的情报，这支由 91 人组成的三角形队列，只占黄衣分队的 84 %，还有 16 %的人作为他们的预备队没有上阵，你要留神，防备他们抄你们的后路。"

"国王，您就放心吧！"B 司令拔出手枪，火速奔赴战场。

知识点 解 析

分数应用题

故事中所涉及的问题是分数应用题，解答分数应用题时，可以利用线段示意图来表示题目各数量之间的关系，还要注意弄准量率之间的对应，掌握单位"1"相互转化的规律。

考考你

B 司令派出两支队伍轮流攻打敌人，先遣部队消灭了敌人的 $\frac{1}{3}$，接着后续部队又消灭了余下的 $\frac{5}{6}$。已知后续部队比先遣部队消灭的敌人多 160 人，那么原来敌人一共有多少人？

城东的苦战

B司令亲自带领着他的军团猛攻黄衣分队三角形队列的两翼。他原以为以自己占压倒优势的兵力，三下两下就能将黄衣分队的三角形队列打垮，没想到战斗并不顺利。B军团士兵将队列冲开一次，黄衣分队很快又合拢为三角形队列，再冲开一次，队列又合拢一次，冲来冲去，始终没有冲散三角形队列。

B司令拎着手枪，气急败坏地跑了回来，气喘吁吁地对胖国王说："今天也不知怎么了，这个三角形队列真怪，冲来冲去就是冲不散。怎么办？"

胖国王想了一下，说："根据我的经验，这三角形队列的91名士兵中，一定有一名指挥官。在他的指挥下，队形能始终保持完整。"

B司令着急地问："这名指挥官在哪个位置上？擒贼先擒王，我必须先把他抓到手里，这个仗才能打下去。"

胖国王说："我也说不准他在哪个位置上，但是有一点我可以肯定——这名指挥官一定在三角形某个重要点上。奇奇博士，你说说，三角形内哪个点最重要？"

奇奇说："应该是三角形的重心。"

B司令不明白，他问："重心？它在三角形的什么地方？为什么重心最重要？"

奇奇找来一块厚薄均匀的硬纸板，剪出一个与三角形队列形状相同的三角形 ABC，再找到 BC 边的中点 D，AC 边的中点 E。他又连接 AD、BE，两线相交于 O 点。

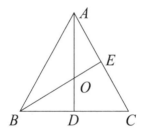

"你们看，AD 是 BC 边上的中线，BE 是 AC 边上的中线。这两条中线的交点 O，就是三角形 ABC 的重心。"说着，奇奇用食指顶着重心 O 点，把三角形放平。说也奇怪，这块三角形的硬纸板，竟很平稳地在奇奇的手指上停住了。大家一起鼓掌说："妙！妙！"

奇奇问："为什么支住三角形纸板的这个 O 点，它就能水平地停在空中呢？"

　　小机灵最爱回答问题，以便随时检验自己的智力，他回答说："这是因为这块三角形纸板的重量，都集中到 O 点这个位置了。"

　　奇奇点点头说："小机灵回答得很对。任何一个三角形，都可以找到这样一个点，能把它的重量，都集中在这个点上，这个点叫作三角形的重心。对一块质量分布均匀的三角形纸板来说，它的重心就在这个三角形各边的中线

的交点上，也就是我刚才画的 O 点上。"

B 司令有点儿明白三角形重心对三角形的重要意义了，从中找到了继续作战的关键，他站起来边往外走边说："嗯，这名指挥官一定在三角形队列重心的位置上，我这次先去抓他。"

"慢！"胖国王又一摆手说，"这个三角形队列共有91人，你知道站在重心位置的那个人在哪里？"

"这个……"B 司令犹豫地停住了脚步。

胖国王转而对奇奇说："你能帮助 B 司令把这个三角形队列的重心位置找出来吗？这样，B 司令就可以制定他的作战方案了。"

奇奇说："好的，我们一起来找找。"于是，他画了一个三角形。奇奇指着三角形 ABC 说："黄衣分队的三角形队列每边都是13人，是一个正三角形。这个三角形中，AD 这条中线必然将三角形的队列平分为二，因此我们可以知道，这个家伙肯定站在某一个队列正中。"

"可这个家伙究竟站在哪一排呢？"B 司令最关心的是这个问题。

"我们现在就来找。"奇奇说，"AD 是平分三角形底边 BC 的中线，重心 O 就在 AD 这条中线上。重心 O 和中线 AD 的关系是什么呢？它将中线分成两部分，从顶点

A 到重心 O 的距离 AO，恰好等于从重心 O 到中点 D 的距离 OD 的 2 倍。"

在场的人中，只有小机灵对奇奇的解释理解得最快，他立即补充说："明白，这意思就是说，$AO：OD＝2：1$。"

奇奇接着说："是的，这就是说，三角形的重心必定在中线上从顶点往下的 $\frac{2}{3}$ 的位置。"

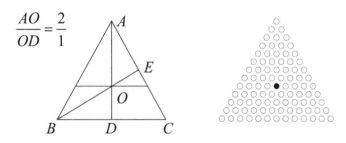

胖国王看着奇奇画的图形，虽说不出道理，却也能明白其中的意思，他说："黄衣分队的三角形队列共有 13 排，它的 $\frac{2}{3}$ 的位置，正好是 $13×\frac{2}{3}＝……$哎呀，得不出整数，这个家伙站在第几排呢？"

胖国王一时傻了眼，奇奇却不慌不忙地指点着说："国王，您忘了，三角形的队伍虽然共有 13 排，但是这 13 排只有 12 个间隔。"

胖国王点点头说："我明白了，和上次固守敦实城的战役中，布置防卫的士兵要加 1 的道理一样，这回是

知道了排数，算距离就应该减去 1 才对。敌军指挥官站在 $(13-1)\times\dfrac{2}{3}=8$（个）间隔之后，也就是第 9 排正中间。"

"对！这样就好找了。我这次认准了，非把他逮住不可！" B 司令这回心中有数，信心满满地拎着枪跑了出去。

B 军团又一次向三角形队列发起进攻，枪声响成一片……过了一会儿，B 司令押着一个高个子军官走了过来。B 司令报告说："国王，这就是三角形队列的指挥官。"

胖国王立即下令："既然把指挥官抓出来了，赶紧对三角形队列发起全面攻击。"

这一招儿果然奏效，黄衣分队失去了指挥官，B 军团一下子就把三角形队列冲散，他们再也合拢不起来了。黄衣分队大败而逃，城东的战斗胜利了。

城西打得更激烈

在城东打了大胜仗,胖国王与奇奇、小机灵又火速赶往城西。城西打得更激烈,C军团和绿衣分队一攻一守,胜负难分。

胖国王生气地问C司令:"你们怎么还没把绿衣分队打败?"

C司令分辩说:"绿衣分队十分狡猾,他们的士兵一会儿排出正方形队列,一会儿排出长方形队列。人数也是一会儿多,一会儿少。他们真真假假,虚虚实实,总叫我们上当。"

胖国王教训C司令:"你不会先把他们的情况弄清楚了再打吗?"

C司令指着绿衣分队的队伍,为难地说:"国王,您看,他们又排出三个长方形队列。谁知道这三个队列有多少人哪?谁知道我们要用多大的兵力去攻击他们哪?"

胖国王神气地说:"可以算嘛!我这儿有数学博士,

还怕算不出他们有多少士兵？奇奇，你给Ｃ司令算一算。"

奇奇也为难地说："什么数据也没有，我根据什么算哪！"

胖国王说："这好办！Ｃ司令，你快去捉一名俘虏来，把情况问清楚。"

"是！"Ｃ司令答应一声，快步跑了出去。

没过多久，Ｃ司令押来一个高个子俘虏。通过审问，知道他是绿衣分队的文书。这个文书供认，绿衣分队所站的各种队列中，都是每10平方米站一名士兵。现在排出的这三个长方形队列，它们的宽都是6米。第一个长方形的长比第二个长方形的长多$\frac{1}{3}$，第二个长方形的长相当于

第三个长方形的长的 $\dfrac{9}{10}$，第三个长方形的长比第二个长方形的长多出 5 米。

C 司令听得不耐烦，一跺脚说："这么乱！"

奇奇说："乱不要紧，只要有关的数字不缺少，总可以从乱中整理出一个头绪来。俘虏说它们的宽都是 6 米，这不用算了，关键是把各个长方形的长求出来。"

"你怎么去求它们的长呢？又没有多少具体的数字。"C 司令着急地问。

"一层一层地去推算呀！"奇奇已经变得越来越耐心，思维也越来越有条理了，"俘虏说第二个长方形的长，相当于第三个长方形的长的 $\dfrac{9}{10}$，由此我们可以知道，第三个长方形的长，比第二个长方形的长要多出它自己的 $\dfrac{1}{10}$。"

"这 $\dfrac{9}{10}$ 是几米呢？"胖国王关心地问。

小机灵已经明白奇奇的解题思路了，他说："俘虏还说，第三个长方形的长，比第二个长方形的长多出 5 米，这 $\dfrac{1}{10}$ 就是 5 米呀！"

"知道 $\dfrac{1}{10}$ 是 5 米，下面不就好算了吗？"奇奇说，"第三个长方形的长的 $\dfrac{1}{10}$ 是 5 米，第三个长方形的长就是 $5 \div \dfrac{1}{10} = 5 \times \dfrac{10}{1} = 50$（米）；第二个长方形的长，相当于第

三个长方形长的$\dfrac{9}{10}$，它的长就是$5\times\dfrac{9}{10}=45$（米）。"

"还有第一个长方形的长呢？"C司令又提醒说。

"这也好算。"小机灵回答，"第一个长方形的长比第二个长方形的长多$\dfrac{1}{3}$，应该是：$45+45\times\dfrac{1}{3}=45+15=60$（米）。"

C司令高兴地说："嗯，接下去我也会算了：第一个长方形面积为$60\times6=360$（平方米），有36人；第二个长方形面积为$45\times6=270$（平方米），有27人；第三个长方形面积为$50\times6=300$（平方米），有30人。"

胖国王对C司令说："应该集中力量攻击它最弱的地方，你带100名士兵火速攻击第二个长方形。"

C司令向胖国王敬了礼，刚要走，只见绿衣分队中绿旗一摇，队形立刻变了，又增加了一些士兵，重新组成了一个正方形和一个长方形队列。

C司令又蒙了，忙问该怎么办。胖国王命令把绿衣分队的文书押来，让他认认这个队形。文书看着两个队形说："长方形的周长和正方形的周长相等，都等于120米，而长方形的宽是长的20%。"

"这次我来算。"小机灵跃跃欲试，"正方形的边长等于周长的$\dfrac{1}{4}$，也就是$\dfrac{120}{4}=30$（米）。正方形的面积是

$30 \times 30 = 900$（平方米），因此，这个正方形队列有 90 名士兵。"

奇奇在一旁说："算得对！那长方形的面积呢？"

小机灵摸摸脑袋说："长方形的面积嘛……长方形的长和宽都不知道，只知道宽是长的 20%，这可怎么算哪？"

奇奇说："可以把长看作 100%，已知宽是长的 20%，长和宽加在一起就是 120%。长加宽正好等于长方形周长的一半，因此，长和宽的和等于 $120 \times \dfrac{1}{2} = 60$（米）。"

小机灵接着算下去："这就变成了已知整体求部分的问题，我知道怎么算了：长 $= 60 \div 120\% = 60 \times \dfrac{100}{120} = 50$（米），宽 $= 50 \times 20\% = 10$（米）。因此，长方形面积是 $50 \times 10 = 500$（平方米）。"

C 司令抢着说："这个长方形队列有 50 名士兵。"

胖国王笑了，他对 C 司令下令，集中兵力攻击对方兵力比较薄弱的长方形队列。

经过一场激烈的战斗，C 军团打垮了长方形队列，接着又打垮了正方形队列。

绿衣分队的士兵看到大势已去，纷纷向城北逃跑了。

知识点 **解 析**

转化单位"1"

　　故事中描述三个长方形的长时,单位"1"不一样。解答这类分数应用题时,可以把不同的数量当作单位"1",得到的分率可以在一定条件下转化。

　　如果甲是乙的 $\frac{a}{b}$,则乙是甲的 $\frac{b}{a}$;如果甲的 $\frac{a}{b}$ 等于乙的 $\frac{c}{d}$,则甲是乙的 $\frac{c}{d} \div \frac{a}{b} = \frac{bc}{ad}$,乙是甲的 $\frac{a}{b} \div \frac{c}{d} = \frac{ad}{bc}$;如果甲是乙的 $\frac{a}{b}$,乙是丙的 $\frac{c}{d}$,则甲是丙的 $\frac{ac}{bd}$。 ($abcd \neq 0$)

考考你

　　胖国王为了打败绿衣分队的三个分队,命令 A 司令也组成三个分队进攻,第一分队的人数占三个分队总人数的 40%,第三分队的人数是第二分队人数的 $\frac{7}{11}$。已知第一分队比第二分队人数多 5 人,请问三个分队一共有多少人?

全力捉拿瘦皇帝

打败了绿衣分队，胖国王挥师北上，以A、B、C三个军团的兵力，团团围住了红衣分队。

胖国王组织三个军团司令召开会议，制定作战方案。胖国王说："这最后一仗，和前几仗可不一样。第一，红衣分队是由瘦皇帝亲自指挥的；第二，其他三个分队的残兵败将，都聚集到这个分队，增强了红衣分队的力量；第三，这里离长人国近，敌人不论是增援还是突围，都很方便。"

B司令着急地说："咱们赶紧打吧！别让瘦皇帝溜了。"

"不摸清情况，不能轻举妄动。"胖国王问A司令，"你知道现在红衣分队有多少人吗？"

A司令从怀里掏出一份军事情报，大声念道："红衣分队原有162人，黑衣分队逃来的士兵数是红衣分队人数的 $\frac{2}{3}$ 还少1人；把红衣分队的人数减去2再除以5，恰好等于黄衣分队逃来士兵数的 $\frac{2}{3}$；把红衣分队的人数乘以3

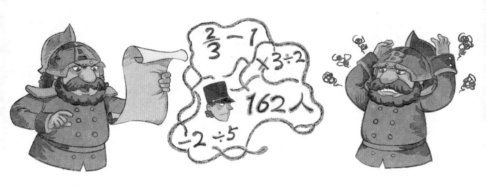

再除以 2，是绿衣分队逃来人数的 3 倍少 3 人。"

B 司令嚷嚷着对 A 司令说："你可真啰唆！你痛痛快快地说有多少人该多好。"

A 司令不慌不忙地说："我只掌握了这些情报，究竟多少人，我也不知道呀！"

胖国王回头找奇奇："数学博士呢？"

小机灵说："奇奇收拾书包去了。他说等打败长人国的军队，他就要回去上学了。"

胖国王说："博士不在，咱们自己算吧。除了已经知道红衣分队人数是 162 人，剩下三个分队逃来的士兵数，你们三个司令每人算一个，算不出来的，以军法处置。"

三个司令你看看我，我看看你，都算不出来。

B 司令捅了一下小机灵，小声打听："小机灵，你说哪个分队的人数好算啊？"

"当然是黑衣分队的人数好算了。"

B 司令抢先一步说："我来算黑衣分队逃来的士兵数。它既然是红衣分队人数的 $\frac{2}{3}$ 还少 1 人，那就用 162 乘以 $\frac{2}{3}$，再加上 1，不就算出来了吗？"说着列了个算式：$162 \times \frac{2}{3} + 1$。

小机灵拉了一下他的衣角，悄悄地说："你怎么能加 1 呢？应该减 1。"

B 司令不服气，大声说："他说黑衣分队的人数比红衣分队的 $\frac{2}{3}$ 还少 1 人嘛！既然少 1 人，咱们给它补上 1 人，不就得了吗？"

"咳！这句话不是这个意思。人家说少 1 人，指的是从红衣分队的 $\frac{2}{3}$ 中再减少 1 人。"小机灵说。

B 司令摸摸脑袋，仔细琢磨了一下，才勉强地说："噢，是这个意思！那减 1 人就减 1 人吧，反正多一人少一人，咱们照样能打败他们。这么说黑衣分队逃来的士兵数是：$162 \times \frac{2}{3} - 1 = 107$（人）。"

小机灵就是认真，这才认可说："这样算才对嘛。根本不是什么能不能打败的问题。"

C 司令不敢怠慢，赶快说："我来算黄衣分队的人数。

从红衣分队中减去2，再除以5，恰好等于黄衣分队逃来士兵数的$\frac{2}{3}$。列个式子是：$(162-2)\div5\times\frac{2}{3}=21.333\cdots\cdots$哟！怎么回事，人数怎么出现了循环小数呢？那到底算几个人呀？"大家面面相觑，也都觉得奇怪。

"你算错了。不应该乘以$\frac{2}{3}$，而应该除以$\frac{2}{3}$才对。"大家回头一看，是奇奇背着书包来了。

"为什么要除？"C司令也不服气。

奇奇解释说："如果给你的情报是：从红衣分队的人数中减去2，再除以5的$\frac{2}{3}$，等于黄衣分队的人数，你就可以用刚才的这个方法。"

"这里面有什么区别呢？"连小机灵也有点被绕糊涂了。

"请大家注意听着。"奇奇因为自己想回去上学了，觉得留在矮人国的时间不多了，应该让矮人国的国王和司令官们自己能多解决一些数学题，便一字一顿地说，"可现在实际的情况是，从红衣分队的人数中减去2，再除以5，恰好等于黄衣分队人数的$\frac{2}{3}$。"奇奇在最后这一句上加强了语气，接着说，"为了表达清楚这$\frac{2}{3}$指的是哪个数的$\frac{2}{3}$，我们可以把这段话写成下面的式子：$(162-2)\div5=\frac{2}{3}\times$黄衣分队的人数，由此得出：黄衣分队

的人数为 $(162-2) \div 5 \div \dfrac{2}{3} = 48$（人）。"

C 司令有点尴尬地笑道："其实我没算错，只是对题意没搞清楚。"

胖国王有点不高兴地顶了他一句："你不但要努力学好数学，还得提高语文水平。"

C 司令臊了个大红脸。

A 司令眼看不能再拖了，壮着胆子说："最后该我来算了。好在数学博士已经来了，我就不怕了，错了请他帮忙改正。刚才两位司令已经把黑衣分队、黄衣分队逃到红衣分队的人数求了出来，我来求绿衣分队的人数。关于绿衣分队，已经掌握的情报是……"

"把红衣分队的人数乘以 3 再除以 2，是绿衣分队逃来人数的 3 倍少 3 人。"胖国王把情报又复述了一遍。

"嗯。咱们一步一步地算吧。"A 司令边说边想，"把红衣分队的人数乘以 3 再除以 2，就是：$162 \times 3 \div 2 = 243$（人）。这 243 人是绿衣分队逃来人数的 3 倍少 3 人。嗯，3 倍还少 3 人，这儿应该是乘以 3 呢，还是除以 3 呢？"

奇奇看出来 A 司令这次确实开动了脑筋，在一旁略略提示说："如果是所求人数的 3 倍，应该是除以 3；如果它的 3 倍等于所求的人数，就应该乘以 3。"

$162×3÷2=3×$ 🎩 -3

A 司令说："好，我会算了。列出综合式是：$162×3÷2=3×$绿衣分队数-3，绿衣分队人数$=(162×3÷2+3)÷3=82$（人）。奇奇博士，你看对不对？"

奇奇用张老师回答学生的语气回答："很对。A 司令这道题完成得很好。"

A 司令不禁感到一阵高兴。

经过一番努力，终于有了正确的答案，胖国王愉快地和三个军团的司令商谈说："三位司令都分别把各分队聚集到红衣分队的人数算出来了，现在我也来算一道题，求聚集在这儿的总人数。他们共有：$162+107+48+82=399$（人），再加上瘦皇帝，正好是400 人！可咱们三个军团加在一起，也不过才 420 人，势均力敌。长人国的人又比我们高大，这一仗怕不好打呀！"说到这里，胖国王又不免有点忧虑。

公安部长不以为然地说："长人国连吃败仗，已成惊弓之鸟，不堪一击。国王不必过分担心。"

A司令也说："只要抓住瘦皇帝，他们不战自乱。"

"万万不可轻敌！"胖国王拿着望远镜登高一望，只见长人国军队排成每排20人，总共20排的一个大方阵，阵容整齐，气势宏大。突然，站在方阵角上的瘦皇帝将手中的令旗一挥，大方阵立刻分裂成四个梯队，Ⅰ梯队是8×8的方阵，Ⅱ、Ⅲ、Ⅳ是一个套一个的拐角形阵。

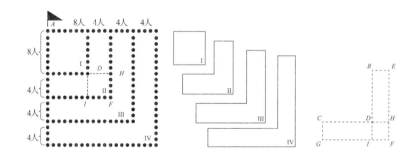

胖国王指着四个梯队说："谁能算出每个梯队有多少人？"

B司令抢先说："Ⅰ梯队有 $8 \times 8 = 64$（人），其他三个梯队由于两边都是4个人，它们人数必然一样多，都是：$(400 - 64) \div 3 = 336 \div 3 = 112$（人）。"

胖国王连连摇头说："不可能，不可能。除Ⅰ梯队是64人外，其他三个梯队的人数不可能一样多。"

C司令上前行了个军礼说："还是由我来算Ⅱ梯队的人数吧！为了便于计算，我画了一个图形。你们看，Ⅱ梯队的队形是 CDBEFG 这样一个拐角阵形。在这样复杂的队形里，人数是多少呢？我可以把它看成 BEFI 和 CHFG 两个长方形，这两个长方形的长和宽都是 12 和 4，因此，每个队形的总人数是 $12 \times 4 = 48$（人），由两个长方形组成的Ⅱ梯队的人数就是 $48 \times 2 = 96$（人）。"

C司令感到自己这次有了很大进步，将一个复杂的队形分成两个简单的图形，以便于进行运算，难道这还不够巧吗？

没想到胖国王第一个摇头说："不对，不对！你多算了一个正方形 DHFI。"

A司令也说："对，他是多算了一个正方形。应该是每个长方形阵的长和宽是 8 和 4，其人数是 $8 \times 4 = 32$（人）。Ⅱ梯队的人数应该是 $2 \times 32 = 64$（人）才对！"

"也不对，也不对！"胖国王把头摇得更厉害了，"你呀，又少算了一个正方形 DHFI。"

小机灵看他们算得那么费劲，忍不住说："应该这样算：一个长方形的长是 12，宽是 4；另一个长方形的长是 8，宽是4，Ⅱ梯队的人数是$4 \times 12 + 4 \times 8 = 48 + 32 = 80$（人）。"

胖国王点点头说："唉，这才对啦！"

直到这时，奇奇好不容易插进话来："其实都不需要那么复杂。这四个梯队就是由原来的方形梯队拆开来的，我们可以把Ⅱ梯队的人数，看作边长为12的正方形，再减去边长是8的正方形，这就简单多了：$12^2 - 8^2 = 144 - 64 = 80$（人），Ⅲ梯队是$16^2 - 12^2 = 256 - 144 = 112$（人），Ⅳ

梯队是 $20^2 - 16^2 = 400 - 256 = 144$（人）。

三位司令在一旁啧啧称羡，都佩服奇奇博士的算法确实要高上一筹。

胖国王说："很明显，Ⅰ、Ⅱ、Ⅲ梯队向外进攻，是为了掩护瘦皇帝带着Ⅳ梯队向北突围。咱们集中力量进攻Ⅳ梯队，活捉瘦皇帝。我命令：A、B、C三个军团各留下50人分别牵制Ⅰ、Ⅱ、Ⅲ梯队。其余的人都跟我来。"胖国王一挥手，矮人国的士兵潮水般地拥向Ⅳ梯队。

好一场恶战，从中午一直打到傍晚，Ⅳ梯队渐渐支持不住了。突然，一辆摩托车从Ⅳ梯队中冲出来，飞快地向北驰去。

奇奇眼尖，大声说："不好！瘦皇帝逃跑了。"奇奇跳上一辆摩托车，随后紧追。瘦皇帝只顾逃命，慌不择路；奇奇捉人心切，拼命追赶。眼看两辆摩托车越来越靠近了，突然，瘦皇帝回头打了一枪，只听得奇奇"哎哟"一声。

知识点 解 析

方阵问题

方阵问题是我们日常生活中常遇到的问题，例如，运动会开幕式上运动员排成正方形队列通过检阅台；在一个正方形场地周围插上各种彩旗；用花盆组成正方形花坛等。

方阵都排满了人，叫作实心方阵或中实方阵；方阵中间不排人，叫作空心方阵或中空方阵。方阵相邻两边人数差为2，相邻两层人数差为8。

考考你

C司令命令士兵排成一个三层空心方阵，结果多出8名士兵，如果在中间空心部分接着又排一层，则少了6名士兵。请问C军团一共有多少名士兵？

在困难的时刻

奇奇的胳膊中了瘦皇帝一枪，他忍着伤痛，继续开车追赶瘦皇帝。

离长人国越来越近了，奇奇看见一辆吉普车从长人国方向飞快地开来，在瘦皇帝的摩托车前猛然停住。车上跳下几个全身湿透的长人国士兵，其中一个士兵向瘦皇帝报告说："皇帝，大事不好了！野马河又发大水了，把咱们的首都给淹了。"

瘦皇帝忙问："皇太子呢？"

士兵哭丧着脸说："由于大水来得太突然，大家各自逃命，皇太子下落不明。"

瘦皇帝长叹一声："唉！我三番五次地入侵矮人国，给人家造成很大损失。到头来，自己却落了个家破人亡，我还有什么脸回长人国？"说完就要拔枪自杀。

突然，一只手伸过来抓住了瘦皇帝的手枪。瘦皇帝回头一看，原来是奇奇追上来了，瘦皇帝羞愧地低下了头。

奇奇说："瘦皇帝，你能认识到自己的错误就好，现在最重要的是想办法救长人国的老百姓。"

"对！要马上组织人力抢救长人国的老百姓。"

瘦皇帝回头一看，说话的原来是胖国王，他带着三个司令和小机灵等人也赶来了。

奇奇对胖国王说："给我一条救生船，我先去长人国察看一下灾情。"

瘦皇帝内疚地说："可是，奇奇，你的胳膊被我打伤了呀！"

"没什么，现在救人要紧。"奇奇又问瘦皇帝，"这里离你们首都还有多远？"

"240 千米。"

公安部长已经弄来了一条救生船，他说："这条船在静水中航行，速度是每小时 27 千米，我刚才测出水流是每小时 3 千米，从这儿到长人国首都，是逆流而上。"

奇奇说："咱俩马上一起去找瘦太子！"

奇奇和公安部长上了救生船，向长人国首都开去。

胖国王问小机灵："博士什么时候能到达长人国的首都？"

小机灵说："需要算一算。"

B 司令说："我会算。数学博士告诉过我，用路程除以速度，就得到所需要的时间，也就是 $240 \div 27 \approx 8.9$（小时），大约需要 8.9 小时，才能到达长人国首都。"

胖国王问："不对吧？刚才公安部长说，水流速度为每小时 3 千米，你考虑水流的影响了吗？"

"这……"

C司令走过来说："还是我来算吧。去长人国首都是逆水行船，逆水行船时应该从船速中减去水速才行。240÷(27−3)=240÷24=10（小时），正好等于10小时。"

"那么，来回需要多少时间？"

C司令现在心细多了，他在地上边写边说："去时逆水行船，航行速度需要减去水流速度，需要的小时数是240÷(27−3)；回时顺水行船，航行速度需要加上流水速度，需要的小时数是240÷(27+3)，他们来回共用的时间是……"C司令歪头一想：我熟悉分数，我把它们先变成分数，再计算。C司令列出式子：

$$\frac{240}{(27-3)}+\frac{240}{(27+3)}$$

他看了看小机灵，小机灵点头表示同意。C司令接着就要计算，可是C司令没做过这么复杂的分式计算题，往下该怎么做呢？

C司令灵机一动，心想：反正是做加法，那还不是分子加分子，分母加分母。于是他接着做下去：

$$\frac{240}{(27-3)}+\frac{240}{(27+3)}=\frac{240+240}{27-3+27+3}=\frac{480}{54}\approx8.9（小时）$$

"咦！"C司令对着自己的答案又犯了疑心，"刚才我算出，单去一趟的时间就是 10 小时，现在怎么一去一回的时间加在一起，总共才 8.9 小时呢？错在哪儿啦？"

小机灵强忍住笑说："C 司令，你的分数运算可学得一塌糊涂呀。分数加减法最重要的是通分，就是先要化成相同的分母之后，才能相加减呢。"

C 司令不好意思地说："好像数学博士说过这事儿。"

小机灵看 C 司令还不明白，就拿这两个分数分析给他看："你想，$240 \div (27 - 3) = \dfrac{240}{24}$，这个分数的分母是 24，而 $240 \div (27 + 3) = \dfrac{240}{30}$，这个分数的分母是 30。这两个数的分母不同，怎么能把分子加在一起呢？"

"这点我算得不对。"

"再有，即使分母相同，两个分数相加减，也只能是分母不动，分子相加或相减啊！你怎么把分母也加起来了呢？"

"把分母加上怎么不行呢？"

"分数相加减，必须化成相同分母的分数相加或者相减，这时分母不动，只加减分子，这样得出来的数，才是分数的值。刚才你把分母直接相加，这得出的是什么数呀？"小机灵尽量把道理说得明白一点儿。

"怪不得我刚才算出来的一个来回的时间比单去一趟

的时间还少，原来是将分母扩大了。"C司令说到这里，自己也觉得很好笑，"小机灵，你说该怎么做呀？"

小机灵说："一般遇到分母不同的分数相加减，应该用求最小公倍数的方法通分，使每个分数的分母相同，然后再加减它们的分子。不过，我们现在遇到的情况，分开来求省事些：$\frac{240}{(27+3)} = \frac{240}{24} = 10$（小时），$\frac{240}{(27+3)} = \frac{240}{30} = 8$（小时）。奇奇他们来回需要$10+8=18$（小时）。"

胖国王略加思索，布置道："A司令，你回敦实城运些救灾物资，等奇奇博士一到，咱们立刻给长人国送去。"

A司令面有难色地说："国王，咱们也刚刚遭受了一场地震灾害呀！"

胖国王大义凛然地说："当别人有困难的时候，不能光考虑自己。"

"是！"A司令答应一声，立即回去筹备救灾物资。

夜幕降临了，大家望着滔滔的河水，谁也没有休息。

天亮了，忽然，远处传来"爸爸、爸爸"的喊声。大家循声望去，只见奇奇、公安部长带着瘦太子坐船回来了。瘦皇帝和瘦太子相见，父子抱头痛哭。A司令也在这时把救灾物资运来了。公安部长和老建筑部长忙着给长人国分配救灾物资，并送瘦皇帝和瘦太子回国。

　　瘦皇帝万万没想到，虽然自己沦为矮人国的俘虏，胖国王对自己过去的侵犯和骚扰，不但不加追究，反而以德报怨，帮助自己找回了心爱的儿子，又大度地赠送救灾物资，还送自己回国救灾，不由得自惭形秽。他两眼含泪，带着瘦太子向胖国王深深地鞠了一躬，说："胖国王，今天你不把我当敌人惩办，今后我也绝不再进犯矮人国，我们长人国和矮人国要世世代代和睦相处。"

有了这样的结局，胖国王满心欢喜。他和瘦皇帝一行握手言和，目送他们回到长人国去。

这时，胖国王也热情地邀请奇奇和他一同回敦实城去，不料，已经背上书包的奇奇对胖国王说："国王，我来矮人国的时间也不短了，我想爸爸、妈妈，想回家了；我还想张老师。我已经和小机灵说好，他这就送我回去了。"

胖国王含着眼泪说："奇奇博士，你帮我们矮人国打退了长人国的进攻，帮两国建立了和平关系，还帮我们普及了数学知识，我还没来得及好好感谢你呢！我真舍不得你走啊！"

奇奇挥了挥手，对胖国王说："国王，我只有小学文化程度，离数学博士还远着呢！这次我回去一定好好学习，争取当一个真正的数学博士。将来我再来看你们，希望到时候我能更多地帮助你们。再见！"

从此，奇奇改掉了不爱学数学的毛病，变得勤奋懂事了，学习成绩也越来越好。他打算等到自己真的成了数学博士，再去矮人国旅游呢！

知识点 解析

行船问题

故事中的问题是行船问题。求去长人国首都往返的时间，就是求逆水行船加上顺水行船的时间。行船问题是一种特殊的行程问题。

行船问题的关系式是：

顺水速度＝船速＋水速

逆水速度＝船速－水速

（顺水速度＋逆水速度）÷2＝船速

（顺水速度－逆水速度）÷2＝水速

考考你

A司令命令士兵将救灾物资运往敦实城，他们的船在河里航行，顺流而下每小时行24千米，6小时后到达目的地，返回时逆流而上，8小时才到达。请问该船在静水中的速度是多少？

答案

博士差点儿被枪毙

至少可以分成12个正方形的方阵。

$(24，18)=6$　$24÷6=4$

$18÷6=3$　$4×3=12$（个）

设计追捕特务

$[2,3,4]=12$，12人吃$12÷2+12÷3+12÷4=13$（只），共有$130÷13×12=120$（人）

宴会上的考试

兔比鸡多：

$(124-104)÷(4-2)=10$（只）

兔和鸡一共有：

$(124+104)÷(4+2)=38$（只）

兔有：

$(38+10)÷2=24$（只）

鸡有：

$38-24=14$（只）

夜明珠在哪儿

设大盒子有x个，小盒子有y个。

$5x+3y=27$

$$x=\frac{27-3y}{5}$$

$27-3y$是5的倍数，$27-3y$的个位数字只能是0或5，y只能是4或9。

当$y=4$时，$x=3$；

当$y=9$时，$x=0$，不符合题意，舍去。

所以，大盒子有3个，小盒子有4个。

重建王宫

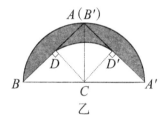

乙

图中阴影部分就是AB边扫过的面积，正方形$ADCD'$的面积与三角形ABC的面积相等，是$\frac{1}{2}$平方米，所以$(CD')^2=\frac{1}{2}$，扇形CDD'的面积等于$\frac{1}{4}(CD')^2\pi=\frac{\pi}{8}$，又$\triangle BCD$与$\triangle A'CD'$的面积和等于$\frac{1}{2}$平方米，所以阴影部分的面积为$1^2\pi×\frac{1}{2}-\frac{\pi}{8}-\frac{1}{2}=0.6775$（平方米）。

抢救几位部长

奇奇和小机灵的速度差：

$40÷20=2$（米/秒）

奇奇和小机灵的路程差：

$9 \times 2 = 18$（米）

小机灵的速度：

$18 \div 6 =$（3米/秒）

奇奇的速度：

$3 + 2 = 5$（米/秒）

千洞山上寻宝

假设a、b、c、d分别代表红、黄、蓝、绿。因为$a + b + c = d$，所以a、b、c、d均为奇数质数。要使$a \times b \times c \times d$的值最小，$a$、$b$、$c$、$d$要尽可能小。符合条件的应该是$3 + 5 + 11 = 19$，$a \times b \times c \times d$的最小值是$3 \times 5 \times 11 \times 19 = 3135$。

周密布置防守线

士兵一共有：

$20 \times 3 + 20 = 80$（个）

城墙周长为：

$80 \times 3 = 240$（米）

切实加强兵力

假设原来突击队有1000名士兵，现在的士兵人数是：$1000 \times (1 + 10\%) \times (1 + 15\%) \times (1 - 20\%) = 1012$（人）

比原来多了（$1012 - 1000$）$\div 1000 \times 100\% = 1.2\%$

火烧埋伏的敌人

后续部队消灭了敌人的$(1 - \frac{1}{3}) \times \frac{5}{6} = \frac{5}{9}$，则原来敌人一共有$160 \div (\frac{5}{9} - \frac{1}{3}) = 160 \div \frac{2}{9} = 720$（人）

城西打得更激烈

二、三分队的人数占总人数的$1 - 40\% = 60\%$，第二分队人数占总人数的60%的$\frac{11}{7 + 11}$，则总数人为$5 \div (40\% - 60\% \times \frac{11}{7 + 11}) = 150$（人）

全力捉拿瘦皇帝

$8 + 6 = 14$（名）

$8 + (14 + 8) + (14 + 2 \times 8) + (14 + 3 \times 8) = 98$（名）

在困难的时刻

逆水速度：

$24 \times 6 \div 8 = 18$（千米/时）

船速：

（$24 + 18$）$\div 2 = 21$（千米/时）

数学知识对照表

书中故事	知识点	难度	教材学段	思维方法
博士差点儿被枪毙	最大公因数	★★★	五年级	短除法求最大公因数
设计追捕特务	最小公倍数	★★★★★	五年级	短除法求最小公倍数
宴会上的考试	鸡兔同笼	★★★★	四年级	转换思想
夜明珠在哪儿	不定方程	★★★	六年级	利用不等式及数的整除性求解
重建王宫	组合图形面积	★★★★★	六年级	图形的转化
抢救几位部长	追及问题	★★★★	四年级	理清数量关系
千洞山上寻宝	质数与合数	★★★★★	五年级	尝试加分析
周密布置防守线	植树问题	★★★	四年级	抓住封闭型植树的特点
切实加强兵力	百分数应用题	★★★★	六年级	弄清单位"1"的变化
火烧埋伏的敌人	分数应用题	★★★★	六年级	量率对应
城西打得更激烈	转化单位"1"	★★★★	六年级	单位"1"之间的转化
全力捉拿瘦皇帝	方阵问题	★★★	四年级	抓住相邻每边、每层的数量差
在困难的时刻	行船问题	★★★	四年级	弄清各数量之间的关系